文科用网络技术丛书

网页设计实例教程

郑 伟 / 编著

WANGYE SHEJI SHILI JIAOCHENG

U0206281

西南交通大学出版社
·成都·

内容简介

本书以文科类学生的网页设计为导向,通过大量的实例,让学生掌握 Photoshop、Flash 和 Dreamweaver 在网页设计中的综合应用。全书内容主要包括:网页设计基础知识、网页色彩规划、网页版式规划、logo 设计、Banner 设计、网页导航菜单设计、网页栏目设计、网页图文编排设计、网页主题按钮设计、《LM》网站首页设计与制作。

本书采用实例教程的方式,对每一章节的实例都采用"实例分析"、"实例步骤"、"实例总结"3 个部分进行分析和讲解。通过实用性的实例让学生掌握网页设计知识和技能,培养学生的实际动手能力。

图书在版编目(CIP)数据

网页设计实例教程 / 郑伟编著. —成都:西南交
通大学出版社,2015.1
(文科用网络技术丛书)
ISBN 978-7-5643-3725-4

Ⅰ. ①网… Ⅱ. ①郑… Ⅲ. ①网页制作工具 – 教材
Ⅳ. ①TP393.092

中国版本图书馆 CIP 数据核字(2015)第 023420 号

文科用网络技术丛书

网页设计实例教程

郑 伟 编著

责 任 编 辑	黄淑文	
封 面 设 计	墨创文化	
出 版 发 行	西南交通大学出版社	
	(四川省成都市金牛区交大路 146 号)	
发 行 部 电 话	028-87600564　028-87600533	
邮 政 编 码	610031	
网　　　址	http://www.xnjdcbs.com	
印　　　刷	四川省印刷制版中心有限公司	
成 品 尺 寸	185 mm × 260 mm	
印　　　张	8	
字　　　数	185 千	
版　　　次	2015 年 1 月第 1 版	
印　　　次	2015 年 1 月第 1 次	
书　　　号	ISBN 978-7-5643-3725-4	
定　　　价	29.80 元	

前　言

在互联网飞速发展的今天，各行各业纷纷感受到互联网带来的机遇与挑战，网站是企业在互联网领域的重要推广和宣传手段，优秀的网页设计不仅能展示企业的信息，更重要的是通过网页界面能够给浏览者留下深刻印象，有助于提升企业品牌和形象。

目前很多高校开设了网页设计课程，主要的专业有技术类和艺术类专业。如何让非技术类专业（如新闻、广告和其他文科类）的学生掌握网页设计理论和技能，学哪些有用、能用和够用的内容，是目前教材编写过程中面临的实际问题。本书作者通过总结多年教学、科研实践经验，并结合文科技术型人才培养目标的特点编写了这本教材。

本书根据文科应用的特点，以网页的方案设计和效果设计为重点内容，同时效果设计部分从网页色彩、网页版式和网页内容规划三个方面进行详细阐述并配合详细的实例步骤和作业加以补充。本书以实践操作为主线，思路清晰、浅显易懂，在注重学生对理论基础知识学习的同时还重视学生实践操作能力的培养。

全书共分为 10 章：网页设计基础知识，网页色彩规划，网页版式规划，logo 设计，Banner 设计，网页导航菜单设计，网页栏目框架设计，网页图文编排设计，网页主题按钮设计，《LM》网站首页设计与制作。每章包含两个典型的实例，每个实例中包含理论知识和实践操作，学生在完成实例任务的过程中将理论知识点与实践操作相结合。教材中为每个实例设置了详细的流程包括【实例分析】、【实例步骤】、【实例总结】和【本章练习】。

在本书的编写过程中，得到了四川大学锦城学院文学与传媒系主任毛建华教授的悉心点拨，得到了技术教研室吴治刚老师等的支持和帮助，借本书出版之际，向他们表示由衷的感谢。

在此，也特别感谢西南交通大学出版社对本书出版的大力支持，感谢西南交通大学出版社黄淑文编辑的关心帮助！

由于编者学识水平有限，加之编写时间较为紧张，书中难免有错漏之处，恳请广大读者批评指正。

编　者
2014 年夏

目　录

第1章 网页设计基础知识

1.1 网页设计概念

网页设计是依托于互联网将企业信息（包括产品、服务、理念、文化）向外传播的一种手段。网页设计包括方案设计和效果设计两部分，一般应该在明确目标的基础上，进行网站的功能策划，然后进行效果设计。在设计过程中要遵循合理的设计原则并运用色彩规划、版式规划和内容规划进行美化工作。精美的网页设计，对于提升企业在互联网上的品牌形象有着举足轻重的作用。

1.2 网站类型

目前互联网中网站类型通常有 9 种，如图 1-1 所示。

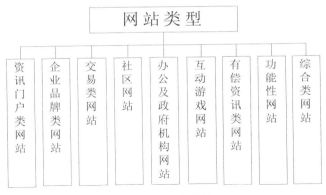

图 1-1 网站类型

1. 资讯门户类网站

该类型的网站主要以提供大量的信息资讯服务为主，它承载了大量的多媒体信息，是目前最普遍的网站形式之一。这类网站虽然涵盖的工作类型多，信息量较大，访问群体较多，但是包含的功能却比较简单，通常称为内容管理系统（Content Management System，简称 CMS）。其基本功能通常包含后台登录、信息发布、信息检索、论坛、留言等，还有一些权限控制机制，可以在后台管理中动态开设栏目和频道，典型的代表网站有 yahoo、新浪、搜狐、新华网等。

2. 企业品牌类网站

企业品牌网站建设要求展示企业综合实力，体现企业形象识别系统（Corporate Identity

System，简称 CIS）和品牌理念。企业品牌网站对创意和美工设计要求较高，通常采用精美的动画形式来表现。对网站内容组织策划和产品展示体验方面要求也较高。网站利用多媒体交互技术及动态网页技术，针对目标客户进行内容建设，以达到品牌营销传播的目的。该类型的网站可以分为三类。即企业形象网站、品牌形象网站和产品形象网站，典型的代表网站有联想、IBM、apple 等。

3. 交易类网站

该类型的网站主要以实现交易为目的，以订单的方式为中心。交易的主要对象是企业和消费者。这类网站有三项基本内容：展示商品、生成订单、执行订单。所以，该类网站通常需要有产品管理、订购管理、订单管理、产品推荐、支付管理、收费管理、送/发货管理、会员管理等基本系统功能。如果业务需求更广，还有可能需要积分管理系统、VIP 管理系统、CRM 系统、MIS 系统、ERP 系统、商品销售分析系统等。交易类网站能否持续的存活关键取决于业务模型的优劣。交易类网站有 4 种常见的模式：

（1）B TO C（BUSINESS TO CONSUMER）模式，是指商家对消费者的电子商务形式。

（2）B TO　B（BUSINESS TO　BUSINESS）模式，是指商家对商家的电子商务形式。

（3）C TO C（CONSUMER TO CONSUMER）模式，是指消费者对消费者的电子商务形式。

（4）O TO O（online to online）模式，是指从线上到线下或者线上线下组合式营销。O TO O 的概念源于美国，只要产业链中既可涉及线上又可涉及线下的，统称为 O TO O。

4. 社区网站

社区网站是根据地域环境、圈子所构成的网络上的小社会，社区网站的内容应该主要倾向于在社区内产生的活动，典型的代表有猫扑、天涯等。

5. 办公及政府机构网站

办公类网站主要包括企业办公事务管理系统、人力资源管理系统、办公成本管理系统和网站管理系统，典型的代表有办公自动化系统（Office Automation，简称 OA）。

政府机构网站主要面向社会公众，为公众提供办事指南、政策法规、动态信息等，也可提供网上行政业务申报、办理，相关数据查询等，典型的代表有首都之窗、教育部网站等。

6. 互动游戏网站

互动游戏类网站大体可以分为 5 种：游戏攻略、游戏下载、外挂、页游、小游戏等。这类网站投入的关键在于所承载游戏的复杂程度和网站的定位，从目前的形势来看，它的趋势是向着超巨型方向发展，有的已经形成了独立的网络世界。典型的代表有英雄联盟、魔兽世界、梦幻西游等。

7. 有偿资讯类网站

这类网站与资讯类网站有相似之处，它们都是以提供资讯为主，不同之处在于其提供的资讯是否需要有偿回报，主要体现在当访问者对感兴趣的资源进行下载时，需要充值网站的虚拟货币或网上银行支付等才能下载。典型的代表有豆丁网、中国知网等。

8. 功能性网站

功能性网站提供强大的网站功能，以独特的功能和广泛的使用需求为核心竞争力，通过简单、易用的页面呈现在浏览者面前。典型的代表有百度搜索、谷歌等。

9. 综合类网站

这类网站的共同特点是将以上所介绍的各类网站所提供的服务融为一体。这类网站可以看成一个网站服务的大超市，不同的服务由不同的服务商提供，在设计其首页时，应尽可能地把所能提供的服务都包含进来。典型的代表有新浪、网易和搜狐等。

1.3　网站建设的流程

网站建设是一个项目活动，是一个需要在项目负责人的带领下，由不同的角色参与其中，有组织有计划并且在规定的时间内完成任务的过程。

网站建设的流程从时间的角度可以分为前期、中期和后期；从过程的角度可以分为明确客户的需求、收集信息和素材、站点规划设计、设计页面方案、静态制作网页、站点后台开发、站点测试和发布、站点推广和维护 8 个阶段，其中网页设计主要包括前面 4 个阶段。参与的角色大致有客户、设计师、开发人员、测试人员和维护人员等，如图 1-2 所示。

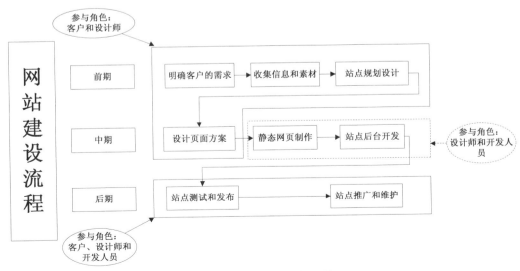

图 1-2　网站建设流程图

1．网站建设的各个阶段与角色

在网站建设的每个阶段都需要各方人员共同参与，包括客户、设计师、开发人员、测试人员、维护人员等。每个角色在不同的阶段承担不同的任务，表 1-1 列出了各个阶段与对应的参与角色。

表 1-1　各个阶段与角色

阶段	明确客户的需求	收集信息和素材	站点栏目规划	网页设计方案	静态网页制作	站点后台开发	站点测试和发布	站点推广和维护
参与人员	客户设计师	设计师				设计师开发人员	开发人员测试人员	维护人员

2．明确客户的需求

在制作网站之前，我们首先要明确建立网站的目的是什么，网站的定位是什么。如果网站是为自己做的，比如个人网站，那么需求就由自己说了算；如果是建立客户网站，那么需求就应该与客户的负责人沟通，并准确地了解他们的想法。

由于大多数客户都不懂技术，因此在收集客户需求时会有些困难，所以设计师要采取灵活的方法来收集，比如问答、问卷、快速网站模型等。

在了解了客户的想法后，要站在客户的立场来探讨网站的目的。通常如果设计师能站在客户的立场上，为客户提出一些有利的意见和建议，就能为建立良好的客户关系有一个好开端，还可以为以后的工作节约时间和成本，达到事半功倍的效果。

3．收集信息和素材

丰富的内容能够丰富网站的版面，因此在明确客户的需求后，就应该开始收集企业的相关信息和资料。收集的内容通常有企业的文件、广告、标语、产品、活动、联系方式和地址等。应该把收集的素材整理成文档，为后面的阶段提供可靠的资源。

收集信息和素材是方案设计的重要阶段，因为公司的形象和对外提供的服务大部分来源于此，所以全面地收集素材和想法可以使网站的信息和功能更加完善。

4．站点栏目规划

信息和素材收集好之后，就应该组织设计师和开发人员一起讨论，对大量的资源进行整理和归类，并结合站点的定位来确定相应的栏目。通常可以通过绘制树状图清晰直观地呈现出站点的一级栏目。

在确定站点的一级栏目后，还需要讨论确定其二级栏目以及更细的子栏目，要让相关人员清楚地了解把不同的内容发到哪个栏目下、哪些栏目下还需要子栏目。最后需要栏目规划负责人把确定的内容形成站点栏目规划说明书，以便为以后的设计和开发提供依据。当然该说明书并不是不可更改的，在以后的制作过程中发现问题还可修改。

5. 网页设计方案

这个阶段主要是由网站的美工人员根据栏目规划说明书，使用色彩搭配、版式布局、站点等手段，与栏目内容相结合，并运用设计工具绘制出每个栏目的具体位置和网站的整体风格。设计师至少要设计出 2 个以上不同风格的方案，每个方案都要结合企业的整体形象、文化、产品和理念等因素。方案确定后，把设计方案交给客户负责人，由他们确定最终方案。

6. 静态网页制作

客户确定设计方案以后，由制作人员进行静态网页的制作，同时栏目规划人员与制作人员协同添加整理好的栏目以及具体内容。

在制作静态网页时，制作人员需要根据方案制作成多个内容模板，应该把静态的内容和需要动态加载的内容分开，动态加载的内容需要服务器端实现动态网页，该过程需要开发人员通过编程来实现与数据库的交互。

7. 站点后台开发

动态页面设计好后，需要由开发人员来完成程序代码的工作。站点动态功能，是由开发人员根据功能需求编写程序实现的。

在这个阶段中需要注意的是，开发人员和制作人员要及时沟通，以免开发完成后发现问题再进行大量的分工和修改工作。

8. 站点测试和发布

在开发过程中，开发和测试是同步进行的，测试的主要任务是功能测试和整体测试。

测试完成后，需要将站点程序发布到服务器上，由客户检验。通常客户会提出一些修改意见。但如果客户不了解网站建设的详细流程，就可能会与开发人员的想法不一致，从而对整个网站结构提出较大的改动。为了减少此类事情的发生，应该尽量在前期准备工作中充分理解客户的想法，并与客户交流和确认。

9. 站点推广和维护

站点发布以后，维护人员需要对站点的实际内容进行丰富，需要把企业实际的数据通过后台管理系统进行录入。站点需要经常更新内容，只有不断提供企业最新的信息（包括产品、服务、理念、文化），才能吸引更多的浏览者。

网站设计得再精美，没有人浏览也不行，所以网站建成后还要进行宣传和推广。目前主要的宣传渠道有传统媒体和新媒体，其中传统媒体有电视、报纸、杂志、广播等；新媒体有网站、移动互联网等。

1.4 网页设计的常用工具

网页设计的常用工具有 Photoshop、Flash 和 Dreamweaver。

Photoshop 即 Adobe Photoshop，简称"PS"，是由 Adobe Systems 开发和发行的图像处理软件。Photoshop 主要处理以像素构成的数字图像。使用其众多的编修与绘图工具，可以有效地进行图片编辑工作。Photoshop 有许多功能，在图像、图形、文字、视频、出版等各方面都有涉及。

Flash 是目前网页动画设计最流行的软件之一，有"网页三剑客"之一的美名，受到众多用户的好评。Flash 制作的动画占用的存储空间较小，有利于在网络中传输。

Dreamweaver 是目前较为流行的一款静态网站开发软件，它集成了较为全面的网站制作功能。包括集成、灵活、高效的开发环境，在开发环境中还提供"设计"、"代码"和"拆分"3 种视图为一体。还包括 CSS 语言的可视化编辑功能，并集成了较多的 Javascript 功能，不需要编写太多代码就可以实现相同效果，能提高开发人员的开发效率，节约开发时间。

第2章　网页色彩规划

　　色彩是浏览者访问网站留下的第一印象，网页色彩规划的好坏，对能否吸引浏览者继续访问网站起着重要的作用。网页各个内容间的色彩运用总有一些内在的联系，它们有着完整、统一和协调的特点，众多优秀的网站以其成功的色彩搭配令浏览者过目不忘。

　　不同的颜色会影响人的情绪和状态，我们需要让颜色在网站设计中真正发挥至关重要的作用，以此向浏览者有效地传达内容与形式互相作用的资讯信息。下面将列举出不同色彩对心理的影响。

1. 红　色

　　红色是最热情和最激情的色彩，它代表强烈的情感，比如爱情、激情和愤怒等。红色还可以表达强度、决心、勇气和兴奋之意。红色在交通领域的用途有警示、警告、危险等。

　　网页设计中以红色为主的配色方案有很多，如以食品、餐饮为主题的网页设计，它们多以红色为主色调，深红色和白色为辅助色的配色方案。例如必胜客的网站主页，整个页面以红色作为基调，具有很强的视觉冲击效果，非常符合饮食类网页设计；白色的字体在红色中形成反差，整体页面非常醒目，给人一种视觉冲击，让读者热力强盛，产生食欲，网站主页如图 2-1 所示。

图 2-1　红色为主的配色

2. 橙　色

　　橙色仅次于红色，是十分活泼的色彩，给人以华贵而温暖、兴奋而热烈、欢乐与活力的感觉。可以说是一种带有友好感的色彩。可以用橙色来制作食品和餐饮类的网站。以电子商务、交易类为主题的网页，也可以采用以橙色为主的配色方案，如图 2-2 所示。

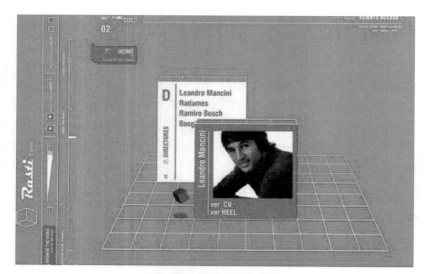

图 2-2　橙色为主的配色

3. 黄　色

黄色是发光最强的颜色，它用于表达好奇、嬉闹、快乐、娱乐、舒适、生动、活泼、机智、幸福等情感。

以儿童或家长为目标访问群体的网页，可以采用以黄色为主的配色方案，它给人以喜悦、欢呼和友好的印象，明亮的黄色表达了生机和访客的好奇心，如图 2-3 所示。

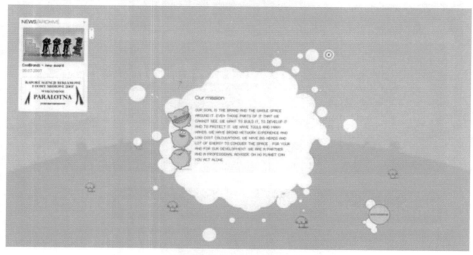

图 2-3　黄色为主的配色

4. 绿　色

绿色是大自然的颜色，它由蓝色和黄色两种颜色混合而成。绿色是最平和、安稳、柔顺、恬静、满足、优美的色彩，被称作是和谐的颜色。

以自然、健康为主题的网页配色方案如图 2-4 所示。设计中绿色为主色调，所以整个网页呈现出清爽舒适的感觉，中间的白色块将上下两块分割开来，增加了视觉节奏感。

图 2-4　绿色为主的配色

5. 蓝　色

蓝色是天空和海洋的颜色，它多用于表达诚信、成功、严肃、冷静、专业、稳定、可靠、信任。

IT 企业和 IT 资讯公司的网站通常选用蓝色为主色调来设计，如图 2-5 所示。

图 2-5　蓝色为主的配色

6. 紫 色

紫色是所有色彩中明度最低的一种颜色，它给人以华丽、幻想、梦想、力量、高贵、神秘、优雅、浪漫和魔术感。

以紫色为主的网页配色方案如图 2-26 所示。

图 2-6 紫色为主的配色

7. 黑 色

黑色和白色属于中性色。黑色用于表达深沉、神秘、寂静、悲哀、压抑的感受；白色则给人以清洁、纯净、和平、纯真和简单的感受。

以黑色和白色为主的网页配色方案如图 2-7 所示。图中以黑白两种明度形成对比，从而使视觉冲击力强烈，主次分明，呈现出一种迷人的高贵气息。

图 2-7 黑白为主的配色

8. 灰 色

灰色是介于黑色和白色之间的一种保守的颜色，它给人以中庸、平凡、温和、谦让、中立和高雅的心理感受。

　　网页设计中选用灰色作为主色调的设计方法有很多，比如选用浅灰色作为背景色彩，以深灰色作为主要的字体颜色，这样呈现的是一种极简风格的网站，如图 2-8 所示。

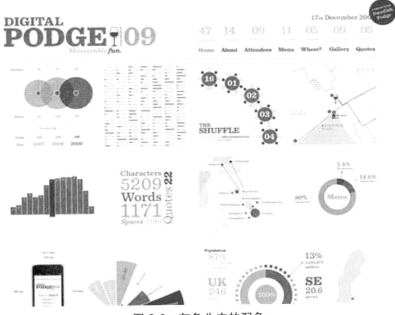

图 2-8　灰色为主的配色

　　色彩的搭配有相应的原理和技巧，本章将通过 2 个实例对网页色彩规划进行讲解，希望读者通过对这 2 个实例的学习，掌握色彩搭配的基础知识，提升对 Photoshop 工具中色彩运用的能力。

实例 1　"park 公园"的色彩搭配方案

1．实例分析

　　本实例是"park garden"，原始图如图 2-9 所示，经过色彩调整后的效果如图 2-10 所示。

图 2-9　原始图

图 2-10　改进后

原始图中"天空"、"草地"和"树木"所采用的是"黑白灰"色彩，色彩冲击力不够丰富，希望不改变版式和内容的情况下，通过调整色彩，对"天空"、"草地"和"树木"进行着色，采用同一种颜色，应用面积对比的方法完成该实例的制作。

要制作本实例，必须掌握色彩相关理论基础知识和使用 Photoshop 工具来操作图层、填充色彩、调整色彩等相关能力。

2. 实施步骤

任务 1：背景蓝天图层色彩调整

步骤 1　启动 Photoshop CS5，点击【文件】菜单的【打开】命令（快捷键：Ctrl + O），选择素材"第 2 章\实例 2.1\实例素材\实例 2.1 源文件.psd"。

步骤 2　打开"图层"面板，展开"bg"图层组文件夹，选择"bg1"图层，将"bg1"图层中的图形变为选区（快捷键：Ctrl + 鼠标左键），设置前景色为"R:0　G:174　B:197"，将前景色应用到选区中（快捷键：Alt + Delete），然后取消选区（快捷键：Ctrl + D）。

步骤 3　选中"bg"图层组中的"bg2"图层，将"bg2"图层中的图形变为选区，设置前景色为"R:0　G:18 3　B:198"，将前景色应用到选区中，然后取消选区。

步骤 4　选中"bg"图层组中的"bg3"图层，将"bg3"图层中的图形变为选区，设置前景色为"R:62　G:194　B:207"，将前景色应用到选区中，然后取消选区。

步骤 5　选中"bg"图层组中的"bg4"图层，将"bg4"图层中的图形变为选区，设置前景色为"R:119　G:206　B:218"，将前景色应用到选区中，然后取消选区。

步骤 6　选中"bg"图层组中的"bg5"图层，将"bg5"图层中的图形变为选区，设置前景色为"R:161　G:219　B:228"，将前景色应用到选区中，然后取消选区。

步骤 7　选中"bg"图层组中的"bg6"图层，将"bg6"图层中的图形变为选区，设置前景色为"R:201　G:234　B:239"，将前景色应用到选区中，然后取消选区。依次完成颜色的填充后效果如图 2-11 所示。

图 2-11　背景蓝天色彩填充后效果

任务 2：背景草地图层色彩调整

步骤 1　打开"图层"面板，展开"bg"图层组文件夹，选择"bg7"图层，将"bg7"

图层中的图形变为选区，设置前景色为"R:51　G:102　B:0"，将前景色应用到选区中，然后取消选区。

步骤 2　选中"bg"图层组中的"bg8"图层，将"bg8"图层中的图形变为选区，设置前景色为"R:227　G:237　B:182"，将前景色应用到选区中，然后取消选区。

步骤 3　选中"bg"图层组中的"bg9"图层，将"bg9"图层中的图形变为选区，设置前景色为"R:217　G:231　B:155"，将前景色应用到选区中，然后取消选区。

步骤 4　选中"bg"图层组中的"bg10"图层，将"b10"图层中的图形变为选区，设置前景色为"R:200　G:224　B:144"，将前景色应用到选区中，然后取消选区。

步骤 5　选中"bg"图层组中的"bg11"图层，将"bg11"图层中的图形变为选区，设置前景色为"R:158　G:206　B:107"，将前景色应用到选区中，然后取消选区。

步骤 6　选中"bg"图层组中的"bg12"图层，将"bg12"图层中的图形变为选区，设置前景色为"R:131　G:197　B:91"，将前景色应用到选区中，然后取消选区

步骤 7　选中"bg"图层组中的"bg13"图层，将"bg13"图层中的图形变为选区，设置前景色为"R:70　G:149　B:70"，将前景色应用到选区中，然后取消选区。依次完成颜色的填充后效果如图 2-12 所示。

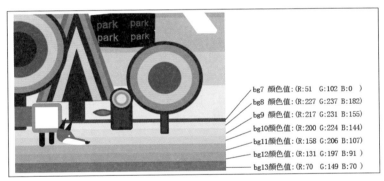

bg7 颜色值:(R:51　G:102 B:0)
bg8 颜色值:(R:227 G:237 B:182)
bg9 颜色值:(R:217 G:231 B:155)
bg10颜色值:(R:200 G:224 B:144)
bg11颜色值:(R:158 G:206 B:107)
bg12颜色值:(R:131 G:197 B:91)
bg13颜色值:(R:70 G:149 B:70)

图 2-12　背景草地色彩填充后效果

任务 3：网页三角树图层色彩调整

步骤 1　打开"图层"面板，其中文件组名称"Triangle tree 1"和"Triangle tree 2"表示图中的两棵三角树。其中，组名"Triangle tree 1"表示右边三角树，包括 5 个图层。由里向外依次将 5 个图层变为选区并填充相应的颜色，分别为（R:114　G:174　B:67）、（R:82　G:154　B:68）、（R:58　G:142　B:67）、（R:28　G:126　B:63）、（R:90　G:142　B:63）。

步骤 2　打开"图层"面板，组名"Triangle tree 2"表示左边三角树，包括 4 个图层。由里向外依次将 4 个图层变为选区并填充相应的颜色，分别为（R:66　G:150　B:68）、（R:44　G:131　B:64）、（R:22　G:106　B:54）、（R:67　G:155　B:69）。

任务 4：网页圆形树图层色彩调整

步骤 1　打开"图层"面板，图中有 5 棵圆形树木，分别对应图层面板中的"Circle tree1"、"Circle tree2"、"Circle tree3"、"Circle tree4"和"Circle tree5"，如图 2-13 所示。

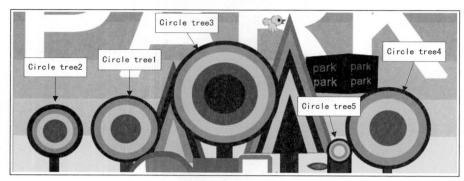

图 2-13   圆形树木图层分部

步骤 2   图层组 "Circle tree1"，包括 4 个图层。由里向外依次将 4 个图层变为选区并填充相应的颜色，分别为（R:99   G:143   B:63）、（R:107   G:163   B:66）、（R:140   G:190   B:63）、（R:83   G:143   B:64）。

步骤 3   图层组 "Circle tree2"，包括 4 个图层。由里向外依次将 4 个图层变为选区并填充相应的颜色，分别为（R:191   G:211   B:52）、（R:131   G:179   B:65）、（R:83   G:143   B:64）、（R:175   G:209   B:54）。

步骤 4   图层组 "Circle tree3"，包括 5 个图层。由里向外依次将 5 个图层变为选区并填充相应的颜色，分别为（R:83   G:143   B:64）、（R:107   G:163   B:66）、（R:114   G:174   B:67）、（R:132   G:190   B:65）、（R:67   G:126   B:59）。

步骤 5   图层组 "Circle tree4"，包括 4 个图层。由里向外依次将 4 个图层变为选区并填充相应的颜色，分别为（R:140   G:190   B:63）、（R:115   G:167   B:66）、（R:83   G:143   B:64）、（R:132   G:187   B:65），最终效果如图 2-14 所示。

图 2-14   最终效果

3. 实例总结

1）色彩理论基础

色彩可以分为非彩色和彩色两大类。非彩色指黑色、白色和各种深浅不一的灰色，而其他所有颜色均属于彩色。从心理学和视觉的角度出发，彩色具有三个属性：色相、明度、纯度（彩度）。

色相（Hue）也叫色调，指颜色的种类和名称，是指颜色的基本特征，是一种颜色区别于其他颜色的因素。色相和色彩的强弱及明暗没有关系，只是纯粹表示色彩相貌的差异。如红、黄、绿、蓝、紫等为不同的基本色相，如图 2-15 所示。

明度（Value）也叫亮度，指颜色的深浅、明暗程度，没有色相和饱和度的区别。不同的颜色，反射的光量强弱不一，因而会产生不同程度的明暗。非彩色的黑、灰、白较能形象的表达这一特质，如图 2-16 所示。

图 2-15　色相环

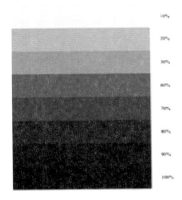

图 2-16　明　度

纯度（Chroma）也叫饱和度，指色彩的鲜艳程度。原色最纯，颜色的混合越多则纯度越低。如某一鲜亮的颜色，加入了白色或者黑色，使得它的纯度低，颜色趋于柔和、沉稳，如图 2-17 所示。

图 2-17　纯　度

邻近色：在色环上任一颜色同其毗邻之色。邻近色也是类似关系，仅是范围缩小了一点。例如黄色和绿色，绿色和蓝色，互为邻近色，如图 2-18（a）所示。

补色：在色相环中彼此相距 180°，正好相对的两个色相互为补色。如图 2-18（b）所示，红色是绿色的补色，橙色是蓝色的补色，黄色是紫色的补色。补色是广义上的对比色，补色的运用可以造成最强烈的对比。

暖色：在图 2-18（c）中的黄色、橙色、红色、紫色等都属于暖色系列。暖色与黑色调和可以达到很好的效果，暖色一般应用于购物类网站、电子商务网站、儿童类网站等。

冷色：在图 2-18（d）中的绿色、蓝色、蓝紫色等都属于冷色系列。冷色一般跟白色调和可以达到一种很好的效果。冷色一般应用于一些高科技、游戏类网站，主要表达严肃、稳重等效果。

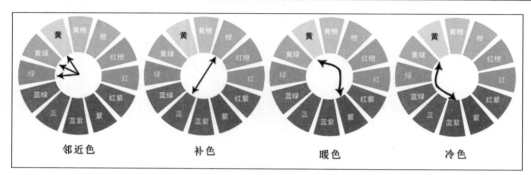

图 2-18　色彩邻近、补色、冷暖

2）操作技能方面

本实例主要使用到 Photoshop CS5 的以下功能：

（1）图层的锁定。

为了防止误操作，Photoshop CS5 提供了如下 4 种锁定方式。

① 锁定透明像素：将透明区域保护起来，在使用绘图工具绘图时，只对不透明的部分（即有颜色的像素）起作用，而透明部分将不会发生任何变化。

② 锁定图像像素：可以将当前图层保护起来，不受任何填充、描边及其他绘图操作的影响，所以，此时在这一图层上无法使用各种绘图工具，绘图工具在图像窗口中将显示为禁用图标。

③ 锁定位置按钮：其作用是不能够对锁定的图层进行移动、旋转、翻转和自由变换等编辑操作，但能够对当前图层进行填充、描边和其他绘图操作。

④ 锁定全部按钮：其作用是完全锁定这一图层，此时任何绘图操作、编辑操作（包括删除图像、色彩混合模式、不透明度、滤镜功能和色彩、色调调整等功能）均不能在这一图层上使用。

（2）创建图层组。

在设计过程中会产生大量的图层，创建图层组可以有效地将有关联的图层放在一起，为今后快速查找图层带来方便，从而可以提高操作效率。

（3）色彩的填充。

在工具栏中预设前景色和背景色的色彩，对图层的色彩进行填充。

实例 2　"countryside" 的色彩搭配方案

1. 实例分析

本实例是 "countryside"，原始图如图 2-19 所示，经过色彩对比和色彩调和后的效果如图 2-20 所示。

原始图 2-19 中的 "天空"、"河水"、"小路" 和 "草地" 所采用的是不同的灰色，色彩过于暗淡，希望不改变版式和内容的情况下，通过调整色彩，对 "天空"、"河水"、"小路"

和"草地"进行着色。分别使用蓝色、橙黄色、墨绿色等跨度较大的色彩形成对比，并结合色彩调和的方法来完成该实例的制作。

图 2-19　原始图

图 2-20　改进后

2．实施步骤

任务 1　调整背景"天空"色彩

步骤 1　启动 Photoshop CS5，点击【文件】菜单的【打开】命令（快捷键：Ctrl + O），选择素材"第 2 章\实例 2.2\实例素材\实例 2.2 源文件.psd"。

步骤 2　打开"图层"面板，选择"天空"图层，将"天空"图层中的图形变为选区（快捷键：Ctrl + 鼠标左键），选择"渐变填充工具"，在属性栏中选择径向渐变，如图 2-21 所示。填充渐变颜色，填充后的效果如图 2-22 所示。

图 2-21　填充渐变颜色

图 2-22　渐变填充后效果

任务 2　调整"河水"图层色彩

步骤 1　如图 2-23 所示选择"河水"图层，将"河水"图层中的图形变为选区（快捷键：Ctrl + 鼠标左键），设置前景色为"R:0　G:178　B:235"，将前景色应用到选区中，然后取消选区。

步骤 2　选择【图像】->【调整】->【色相/饱和度】命令（Ctrl + U），在弹出的对话框中修改色相/饱和度，如图 2-24 所示。

图 2-23　"河水"图层

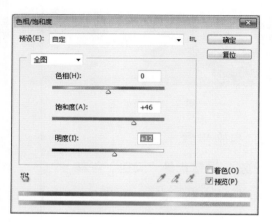

图 2-24　修改色相/饱和度

任务 3　调整"小路"图层色彩

步骤 1　如图 2-25 所示选择"小路"图层，将"小路"图层中的图形变为选区（快捷键：Ctrl + 鼠标左键），设置前景色为"R:255　G:255　B:0"，将前景色应用到选区中，然后取消选区。

步骤 2　选择【图像】->【调整】->【自然饱和度】命令，在弹出的对话框中修改自然饱和度，如图 2-26 所示。

图 2-25　"小路"图层

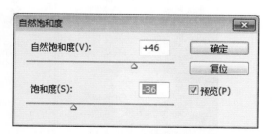

图 2-26　自然饱和度

任务 4　调整"草地"和"树花"图层色彩

步骤 1　选择"草地"图层，将"草地"图层中的图形变为选区（快捷键：Ctrl + 鼠标左键），设置前景色为"R:58　G:167　B:72"，将前景色应用到选区中，然后取消选区。

步骤 2　展开"图层"面板中的"other"组，选择"树花"图层，如图 2-27 所示，然后单击【图像】->【调整】->【色相/饱和度】命令（快捷键：Ctrl + U），在弹出的对话框中修改色相/饱和度，如图 2-28 所示。

图 2-27　"树花"图层

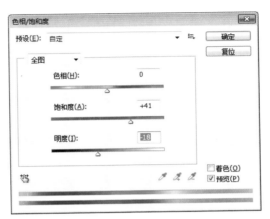

图 2-28　修改色相/饱和度

3. 实例总结

1）色彩理论基础

（1）色彩对比。

色彩对比是指各种色彩的界面构成中，面积、形状、位置以及色相、明度、纯度之间的差别。色彩对比使网页色彩配合增添了许多变化，页面更加丰富多彩。

① 色相对比：因色相之间的差别形成的对比。当主色相确定后，必须考虑其他色彩与主色相是什么关系、要表现什么内容及效果等，这样才能增强其表现力。不同色相对比取得的效果有所不同，两色越接近，对比效果越柔和；越接近补色，对比效果越强烈。

② 明度对比：色彩之间因明、暗程度的差别而形成对比，是页面形成恰当的黑、白、灰效果的主要手段。明度对比在视觉上对色彩层次和空间关系影响较大。例如柠檬黄明度高，蓝紫色的明度低，橙色和绿色属中明度，红色与蓝色属中低明度。

③ 纯度对比：不同色彩之间因纯度的差别而形成的对比。色彩纯度大致可分为高纯度、中纯度、低纯度三种。未经调和过的原色纯度是最高的，而间色多属中纯度的色彩，复色其本身纯度偏低属低纯度的色彩范围。纯度的对比会使色彩的效果更明确肯定。

④ 补色对比：将红与绿、黄与紫、蓝与橙等具有补色关系的色彩彼此并置，使色彩感觉更为鲜明，纯度增加，称为补色对比。

⑤ 冷暖对比：不同色彩之间因冷暖差别而形成的对比。色彩分为冷、暖两大色系，以红、橙、黄为暖色系，蓝、绿、紫代表着冷色系，两者基本上互为补色关系。另外，色彩

的冷暖对比还受明度与纯度的影响，白光反射高而感觉冷，黑色吸收率高而感觉暖。

⑥ 面积对比：页面各种色彩在面积上多与少、大与小的差别，影响到页面主次关系。

同一种色彩，面积越大，明度、纯度越强；面积越小，明度、纯度越低；面积大的时候，亮的色显得更轻，暗的色显得更重，称为色彩的面积效果。

（2）色彩调和。

两种或两种以上的色彩合理搭配，产生统一、和谐的效果，称为色彩调和。

① 同种色的调和：相同色相、不同明度、纯度的色彩调和，使之产生秩序的渐进，通过明度、纯度的变化弥补同种色相的单调感。

② 类似色的调和：在色环中，色相越靠近越调和。类似色的调和主要靠类似色之间的共同色来产生作用。

③ 对比色的调和：通过采取提高或降低对比色的纯度、在对比色之间插入分割色（金、银、黑、白、灰等）、改变双方面积大小、在对比色之间加入相近的类似色等手段进行色彩调和。

2）操作技能方面

本实例主要使用到 Photoshop CS5 的以下功能：

（1）色相/饱和度。色相/饱和度命令是通过调整"色相"、"饱和度"和"明度"三个属性的值来改变图像的颜色。

（2）自然饱和度。自然饱和度命令只修改饱和度过低（增加饱和度时）或者过高（减少饱和度时）的像素。这样在增加饱和度时，本身饱和度就高的像素不会爆掉或出现色块。

本章练习

为图 2-29 所示的页面搭配色彩，使调整后的效果如图 2-30 所示。

图 2-29 原始图

图 2-30　修改后

第3章 网页版式规划

实例1 信息规则型的版式

1. 实例分析

本实例中的"JC学院"网站首页是普通的教育类网站首页，如图3-1所示。本实例采用的是网页骨骼型版式，分为左、中、右三栏，网页版式中的骨骼型是一种严谨、规范、有条理和富有理性的分割方法，该网页版式主要体现和谐与理性的美，比较适合教育行业。

图 3-1 信息规则型版式

2. 实施步骤

任务 1 新建 PS 文件

启动 Photoshop CS5，点击【文件】菜单的【新建】命令（快捷键：Ctrl + N），如图 3-2 所示。

图 3-2 新建文件设置

任务 2 头部制作

步骤 1 点击"图层"面板中的"创建新组"按钮，并命名为"头部"。

步骤 2 点击【文件】菜单的【打开】项（快捷键：Ctrl + O），打开素材"第 3 章\实例 3.1\实例素材\头部\banner.psd"文件。把这个文件拖放到"JC 学院网站首页"，将其位置移至画布的最顶部，如图 3-3 所示。

图 3-3 头部图像

任务 3　菜单栏制作

步骤 1　点击"图层"面板中的"创建新组"按钮，并命名为"菜单栏"。

步骤 2　点击【文件】菜单的【打开】项（快捷键：Ctrl + O），打开素材"第 3 章\实例 3.1\实例素材\菜单栏\菜单.psd"文件。把这个文件拖放到"JC 学院网站首页"，将其位置移动至头部模块的下边缘，如图 3-4 所示。

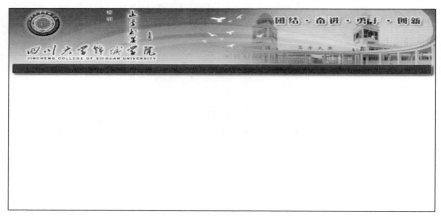

图 3-4　导航菜单

步骤 3　点击"横排文字工具"并设置选项栏，其中字体为"黑体"，大小为"5 点"，颜色为"白色"，鼠标点击画布启动文字编辑状态，然后输入文本，按住 Ctrl + Enter 退出文字编辑状态。

步骤 4　同时选中"菜单背景图层"和"文字图层"（快捷键：Ctrl + 鼠标左键），点击【图层】菜单下【对齐】项中的"垂直居中对齐"和"水平居中对齐"命令，如图 3-5 所示，使文字相对背景上下和左右都留出等距的空间，如图 3-6 所示位置。

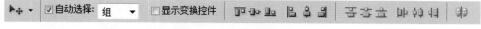

图 3-5　图层对齐菜单

图 3-6　导航栏效果

任务 4　左栏制作

步骤 1　点击"图层"面板中的"创建新组"按钮，并命名为"左栏"。

步骤 2　点击【文件】菜单的【打开】项（快捷键：Ctrl + O），打开素材"第 3 章\实例 3.1\实例素材\左栏\链接专题.psd、学校概况.psd、新闻中心.psd、院系风采.psd、职能部门.psd"5 个文件。分别把这些文件拖放到"JC 学院网站首页"中，将其位置对应的移动至画布左侧。

步骤 3　点击"横排文字工具"并设置选项栏，其中字体为"黑体"，大小为"6 点"，颜色为"白色"，鼠标点击对应的栏目标题处，启动文字编辑状态，然后输入对应的标题文本，按住 Ctrl + Enter 退出文字编辑状态。

步骤 4　点击【视图】菜单下的【标尺】命令（快捷键：Ctrl + R），在画布标尺的垂直方向按住鼠标左键向右拖出一条垂直参考线，将参考线移动到栏目标题文本左侧，使所有的标题文本与之对齐。

步骤 5　点击"横排文字工具"并设置选项栏，其中字体为"黑体"，大小为"5 点"，颜色为"黑色"，鼠标点击对应栏目的内容处，启动文字编辑状态，然后输入内容文本，按住 Ctrl + Enter 退出文字编辑状态。

步骤 6　重复步骤 4，使所有的内容与参考线对齐，效果如图 3-7 所示。

图 3-7　左栏效果

任务5　中栏制作

　　步骤1　点击"图层"面板中的"创建新组"按钮，并命名为"中栏"。

　　步骤2　点击【文件】菜单的【打开】项（快捷键：Ctrl＋O），打开素材"第3章\实例3.1\实例素材\中栏\新闻中心.psd、招生就业.psd、锦城之家.psd、锦城视频.psd"4个文件。分别把这些文件拖放到"JC学院网站首页"中，将其位置对应的移动至画布中部。

　　步骤3　重复任务4中的步骤3～6，效果如图3-8所示。

图3-8　中栏效果

任务6　右栏制作

　　步骤1　点击"图层"面板中的"创建新组"按钮，并命名为"右栏"。

　　步骤2　点击【文件】菜单的【打开】项（快捷键：Ctrl＋O），打开素材"第3章\实例3.1\实例素材\右栏\新闻图片.psd、通知公告.psd、锦城通讯.psd、友情链接.psd"4个文件。分别把这些文件拖放到"JC学院网站首页"中，将其位置对应的移动至画布右部。

　　步骤3　重复任务4中的步骤3～6，效果如图3-9所示。

图 3-9　右栏效果

任务 7　底部制作

步骤 1　点击"图层"面板中的"创建新组"按钮，并命名为"底部"。

步骤 2　选择"矩形工具"中的"直线工具"（快捷键：U），在画布的底部绘制出一条颜色为"黑色"、大小为"1px"的水平线段。

步骤 3　点击"横排文字工具"（快捷键：T），并设置选项栏中的字体为"黑体"、大小为"12 点"，对齐方式为"居中"，字体颜色为"黑色"，如图 3-10 所示。

图 3-10　文本参数设置

步骤 4　鼠标点击画布底部，输入文字版权声明文本内容，并点击两次回车键将其分为三段，按 Ctrl + Enter 退出文字编辑状态，选择"移动工具"，将其文字移动至如图 3-11 所示的位置。

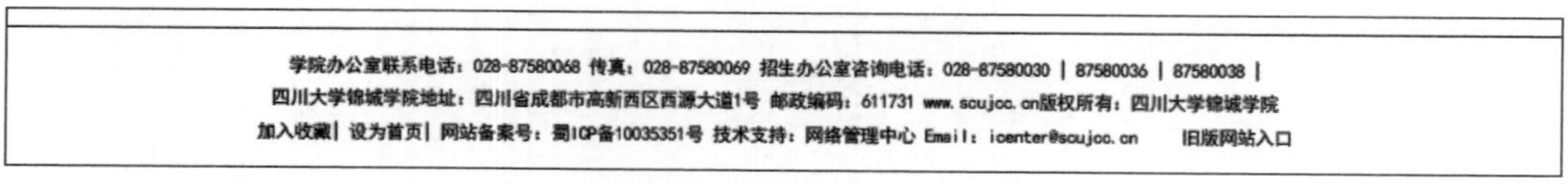

图 3-11　底部效果

3. 实例总结

1）版式理论基础

常见的网页版式可以分为以下 10 种：

（1）骨骼型。

骨骼型是一种规范的、理性的分割方法。常见的骨骼有竖向通栏、双栏、三栏、四栏和横向通栏、双栏、三栏和四栏等。一般以竖向分栏为多。在图片和文字的编排上则严格按照骨骼比例进行编排配置，给人以严谨、和谐、理性的美。骨骼经过相互混合后的版式，既理性、条理，又活泼而具弹性。

（2）满版型。

版面以图像充满整版，主要以图像为诉求，视觉传达直观而强烈。文字的配置压置在上下、左右或中部的图像上。满版型给人以大方、舒展的感觉，是商品广告常用的版式。

（3）分割型。

把整个页面分成上下或左右两部分，分别安排图片和文案。两个部分形成对比：有图片的部分感性而具活力，文案部分则理性而平静。可以通过调整图片和文案所占的面积，来调节对比的强弱。例如：如果图片所占比例过大，文案使用的字体过于纤细，字距、行距、段落的安排又很疏落，则容易造成视觉心理的不平衡，显得生硬。倘若通过文字或图片将分割线虚化处理，就会产生自然和谐的效果。

（4）中轴型。

将图形做水平或垂直方向的排列，文案以上下或左右配置。水平排列的版面给人稳定、安静、和平与含蓄之感；垂直排列的版面给人强烈的动感。

（5）曲线型。

图片或文字在版面结构上作曲线的编排构成，产生节奏和韵律。

（6）倾斜型。

版面主体形象或多幅图版作倾斜编排，造成版面强烈的动感和不稳定因素，引人注目。

（7）对称型。

对称的版式给人稳定、庄重、理性的感觉。对称有绝对对称和相对对称，一般多采用相对对称，以避免过于严谨。

（8）焦点型。

焦点型有三种概念：① 重心型：直接以独立且轮廓分明的形象占据版面中心。② 向心型：视觉元素向版面中心聚拢的运动。③ 离心型：犹如将石子投入水中，产生一圈圈向外扩散的弧线运动。焦点型版式产生视觉焦点，效果强烈而突出。

（9）三角型。

在圆形、四方形、三角形等基本形状中，正三角形（金字塔形）是最具安全稳定因素的形状，而圆形和倒三角形则给人以动感和不稳定感。

（10）自由型。

自由型结构是无规律的、随意的编排，有活泼、轻快之感。

2）操作技能方面

本实例，主要使用到 Photoshop CS5 的以下功能：

（1）标尺与参考线。

在使用 Photoshop CS5 工具设计过程中，要使用参考线必须先启动标尺命令（快捷键：Ctrl + R），参考线可以用来对齐左、右、顶部及底部活动的图层或选中区域的边缘，显示/隐藏参考线（快捷键：Ctrl + ;）。

（2）链接图层与对齐。

在设计过程中，有时需要同时使多个图层的位置保持一定的关系，比如顶对齐、垂直中齐、底对齐、左对齐、水平中齐、右对齐。这时需要将图层链接上，然后使用工具栏中对齐方式进行设置。

实例 2　艺术展示型的版式

1. 实例分析

本实例是"笑酷音乐网"首页，如图 3-12 所示，该网站是提供不同类型搜索的个人音乐网，这种网站的呈现一般采用轻松、愉快、活泼的形式，用优美的线条设计来表达一种艺术的美感。这种类型的网页设计主要讲究对比性、和谐性，它与信息规则型版式的区别

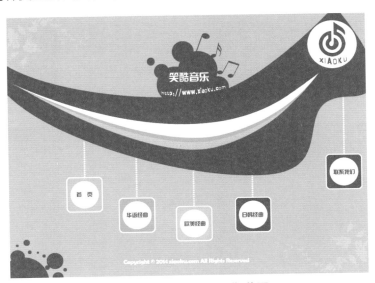

图 3-12　"笑酷音乐网"首页

在于没有具体的格式划分，主要以创意设计来体现网页的主题，对于设计者来说有较大的自由空间。设计过程中的要点是注意版面的疏密对比、曲线与规则图形的对比、色彩调和等方面。

2. 实施步骤

任务 1　新建 logo 元素文件

启动 Photoshop CS5，点击【文件】菜单的【新建】命令（快捷键：Ctrl + N），如图 3-13 所示。

图 3-13　新建文件设置

任务 2　背景曲线设计

步骤 1　在"图层"面板中选中"背景"图层，然后设置前景色为"R:204　G:204　B:204"，为"背景"图层填充前景色（快捷键：Alt + Delete）。

步骤 2　选择"钢笔工具"（快捷键：P），先确认钢笔工具选中的是"路径"模式，然后点击画布的左上方绘制出月牙的图形。

步骤 3　点击"图层"面板中的"创建新图层"按钮，新建名称为"图层 1"的新图层，然后将路径变为选区（快捷键：Ctrl + Enter），将背景色白色应用到选区中（快捷键：Ctrl + Delete），取消选区状态（快捷键：Ctrl + D），将月牙图形绘制在"图层 1"中，效果如图 3-14 所示。

图 3-14　绘制曲线

步骤 4　重复 3 次步骤 2 ~ 3，绘制出颜色为"R:226　G:173　B:204"的第二个月牙图形和颜色为"R:255　G:216　B:0"的第三个月牙图形，然后启动"自由变换工具"（快捷键：Ctrl + T）和"移动工具"（快捷键：V），将其形状和位置调整和移至如图 3-15 和图 3-16 所示的效果。

图 3-15　两个月牙重叠

图 3-16　三个月牙重叠

步骤 5　点击"图层"面板中的"创建新图层"按钮，设置前景色为"R:209　G:0　B:39"，选择"钢笔工具"（快捷键：P），先确认钢笔工具选中的是"路径"模式，然后点击画布的中部绘制出图形，然后将路径变为选区（快捷键：Ctrl + Enter），将背景色应用到选区中（快捷键：Ctrl + Delete），取消选区状态（快捷键：Ctrl + D），在"图层"面板中，将该图层移至"背景"图层的上方，效果如图 3-17 所示。

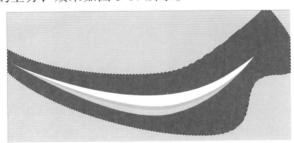

图 3-17　绘制路径

步骤 6　选择"矩形工具"（快捷键：U）中的"椭圆工具"，在选项栏中设置模式为"形状图层"，设置颜色为"白色"。将鼠标移至画布的右上方，并绘制出一个正圆。

步骤 7　点击【文件】菜单的【打开】项（快捷键：Ctrl + O），打开素材"第 3 章\实例 3.2\实例素材\logo.png"文件。把文件拖放到"笑酷音乐网首页"中，将其位置对应的移至正圆内，如图 3-18 所示。

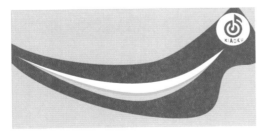

图 3-18　导入 logo

图 3-19　导入音乐图案

任务 3　背景版面艺术装饰设计

步骤 1　点击【文件】菜单的【打开】项（快捷键：Ctrl + O），打开素材"第 3 章\实例 3.2\实例素材\图片.jpg"文件。把文件拖放到"笑酷音乐网首页"中，将其位置对应的移至如图 3-19 所示。

步骤 2　点击【文件】菜单的【打开】项（快捷键：Ctrl＋O），打开素材"第 3 章\实例 3.2\实例素材\底纹.jpg"文件，把文件拖放到"笑酷音乐网首页"中，并复制一个相同图层（快捷键：Ctrl＋J），然后启动"自由变换状态"（快捷键：Ctrl＋T），单击右键选择"水平翻转"命令，取消"自由变换状态"（快捷键：Ctrl＋Enter），选择"移动工具"（快捷键：V），分别将这两个图案移至画布的左顶角处和右下角处，如图 3-20 所示。

步骤 3　点击【文件】菜单的【打开】项（快捷键：Ctrl＋O），打开素材"第 3 章\实例 3.2\实例素材\左底图案.jpg"文件。把文件拖放到"笑酷音乐网首页"中，将其位置对应地移至如图 3-21 所示。

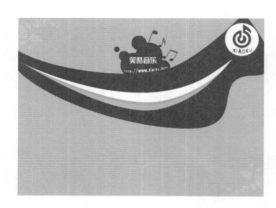
图 3-20　导入底纹图案

图 3-21　导入装饰图案

任务 4　页面内容编排

步骤 1　在"图层"面板中点击"创建新组"按钮，命名为"导航菜单"。

步骤 2　展开"导航菜单"组，选择"矩形工具"（快捷键：U）中的"圆角矩形工具"，在选项栏中设置模式为"形状图层"，颜色为"R:204　G:204　B:204"，半径为"10px"，属性设置如图 3-22 所示。鼠标点击画布的左下方，并按住 Shift 键向右方拖出一个圆角正方形，然后释放鼠标。

（图 3-22 工具选项栏图像）
图 3-22　设置圆角矩形

步骤 3　新建图层，设置前景色为"白色"，选择"椭圆选框工具"（快捷键：M），以圆角正方形的圆心为起点绘制出一个正圆（快捷键：Shift＋Ctrl＋鼠标）。

步骤 4　右击圆角正方形的图层，选择"混合选项"，在弹出的"图层样式"中勾选并点击"描边"项，在右边的设置区域中设置"大小"值"3 像素"，"颜色"值"白色"，效果如图 3-23 所示。

图 3-23　绘制光碟图像

步骤 5　点击【文件】菜单的【打开】项（快捷键：Ctrl + O），打开素材"第 3 章\实例 3.2\实例素材\虚线.jpg"文件。把文件拖放到"笑酷音乐网首页"中，将其位置对应地移至如图 3-24 所示。

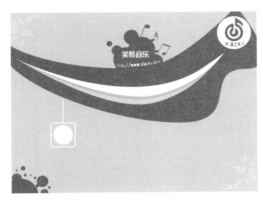

图 3-24　绘制菜单

图 3-25　编排菜单

步骤 6　重复本实例的 2～5 步骤，将另外 4 个导航菜单依次绘制在画布中，颜色分别为"R:226　G:173　B:204"，"R:255　G:216　B:0"，"R:209　G:0　B:39"，"R:209　G:0 B:39"，效果如图 3-25 所示。

步骤 7　选择"横向文字工具"（快捷键：T），字体为"宋体"，字号为"16"，颜色为"R:209　G:0　G:39"，在 5 个光盘按钮上依次输入"首页"、"华语经典"、"欧美经典"、"日韩经曲"、"联系我们"。在画布的底部输入版权声明文本"Copyright © 2014 xiaoku.com All Rights Reserved"，选择"移动工具"（快捷键：V），将其内容移至合适的位置，效果见图 3-12。

3. 实例总结

1）版式理论基础

在网页设计过程中，不管是通过何种设计理论和手法对画面中的各个元素进行组合，通常要遵循以下 5 种基本原则：统一、连贯、分割、对比、和谐。

（1）统一性原则是指设计作品的各个组成部分（色彩、版式、内容）之间的统一和协调。设计作品的整体效果尤为关键，在设计中不能将各个组成部分孤立和分散，那样会使整个设计作品给人一种杂乱无章的视觉效果。

（2）连贯性原则是指在设计中要注意各页面和各内容之间的相互关系，并且利用各组成部分在内容和形式上的遥相呼应，还要注意整个页面设计风格的一致性，使视觉上和心理上达成连贯，最终使整个页面设计的各个部分行云流水、一气呵成。

（3）分割性原则是指将页面从内容和形式等不同的角度分成若干区域。从内容的角度来说，是将海量的信息数据从中进行内容的分类归纳，通过不同的分割设计使受众清晰地浏览不同的分类内容。从表现形式的角度来说，是将不同的主题采用不同的表现形式呈现出来，这样的有效分割可以使受众一目了然。

（4）对比性原则是指利用矛盾和冲突设计手法，使设计作品更加富有活力。常用的对比手法有：多与少、曲与直、强与弱、长与短、粗与细、疏与密、虚与实、主与次、黑与白、动与静、美与丑、聚与散，等等。在使用对比的时候应慎重，要围绕设计主题来使用，不能盲目、过强的使用，否则会容易破坏美感，影响整体效果。

（5）和谐性原则是指整个页面符合美、和谐的原则，浑然一体。如果设计作品中只是简单地将色彩、版式、内容等随意地混合起来，那么作品将不但没有生命力，而且也没办法实现对受众的视觉传达效果。和谐性不仅要从结构上和谐，而且要看作品所形成的视觉效果能否与人的视觉感受形成一种互动，从而与受众的心灵产生共鸣。

总的来说，统一性、连贯性、分割性、对比性和和谐性这五条原则是网页设计的基本原则，但绝不是教条，应当结合实际需要灵活地应用。

2）操作技能方面

本实例，主要使用到 Photoshop CS5 的以下功能。

（1）钢笔绘制工具。

在网页设计过程中，通常使用钢笔工具来绘制曲线（快捷键：P），如图 3-26 所示。

钢笔工具：其优点是可以勾画平滑的曲线，在缩放或者变形之后仍能保持平滑效果。

自由钢笔工具：像用铅笔在纸上绘图一样，绘图时将自由添加锚点，绘制路径时无需确定锚点位置，用于绘制不规则路径，其工作原理与磁性套索工具相同，它们的区别在于前者是建立选区，后者是建立路径。

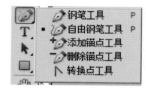

图 3-26　钢笔工具

添加/删除锚点工具：主要用于对现成的或绘制完的路径曲线上的锚点进行增加或删除操作。

转换点工具：可以转换锚点类型；可以让锚点在平滑点和角点之间互相转换；也可以使路径在曲线和直线之间相互转换。

（2）形状绘制工具。

在网页设计过程中，通常使用形状工具来绘制图形（快捷键：U），如图 3-27 所示。

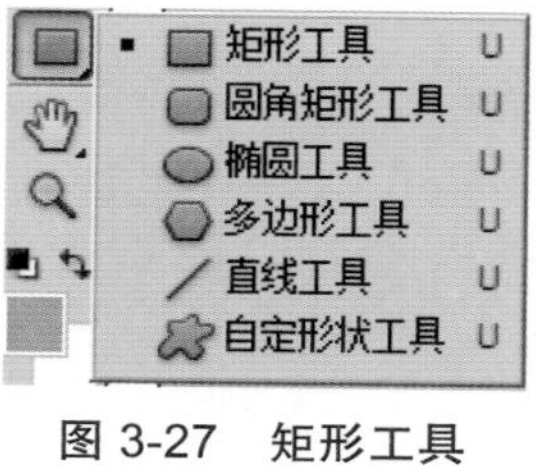

形状工具组可以绘制一些特殊的形状路径，其中包括矩形、圆角矩形、椭圆形、多边形、直线和自定形状。

图 3-27　矩形工具

（3）图层样式。

图层样式是针对整个图层，可以简单快捷地制作出各种立体投影、各种质感以及光景效果的图像特效。图层样式的参数设置复杂，不同的参数设置会产生不同的效果，整个图层可以叠加多种样式，所以灵活应用图层样式可以得到较为满意的效果。图层样式对话框如图 3-28 所示。

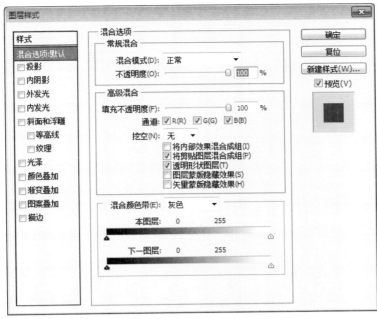

图 3-28　图层样式对话框

本章小结

1. 本章快捷键汇总

新建图层文件【Ctrl + N】　　　　填充前景色【Alt + Delete】　　　填充背景色【Ctrl + Delete】

取消选区状态【Ctrl + D】　　　　打开文件【Ctrl + O】　　　　　　选择工具【V】

矩形选框工具【M】　　　　　　　矩形工具【U】　　　　　　　　　钢笔工具【P】

显示标尺【Ctrl + R】　　　　　　显示参考线【Ctrl + ;】　　　　　　复制图层【Ctrl + J】

2. 图层样式

图层样式包括投影、内阴影、外发光、内发光、斜面和浮雕、光泽、颜色叠加、渐变叠加、图案叠加和描边 10 种样式。

本章练习

重新设计实例 3.2 的版式，要求主题和内容相同，但版式由自己设计，结合第 2 章所学的色彩规划理论，大小为满版型（长 1024px，宽 768px），并且写出设计思想和感受。

第 4 章　logo 设计

　　从本章开始，将讲解网页设计中的内容规划设计，其中包括 logo、banner、导航菜单、网页栏目、图文编排和主题按钮 6 个网页板块的设计。

　　本章主要学习 logo 设计。网页中的 logo 是网站的徽标也是网站形象的集中体现，一个好的 logo 会给浏览者留下深刻的印象，对提升网站的知名度和整体形象起着重要作用。本章从造型的角度将 logo 设计分为理性设计和感性设计，并通过两个实例加以讲解，以满足今后在实际工作中能较为准确地把握设计 logo 的主要表现方式。

实例 1　理性型 logo 设计

1. 实例分析

　　本实例是制作信源科技有限公司的 logo。该公司以信息通信技术为主，为客户提供以数据为核心的信息服务体系，主要有统一通信、呼叫中心、客户咨询等系统设备和服务。该公司的服务对象有国内外大中型企业，该公司的 logo 效果如图 4-1 所示。

图 4-1　信源科技有限公司 logo

　　该 logo 由 4 个相同的元素以中心为圆心旋转复制而成，体现了该公司的全方位服务理念，其中，组成元素中使用的均等大小的柱形有象征信号的特点，与企业服务特点更贴切。

2. 实施步骤

任务 1　新建 logo 元素文件

　　启动 Photoshop CS5，点击【文件】菜单的【新建】命令（快捷键：Ctrl + N），如图 4-2 所示。

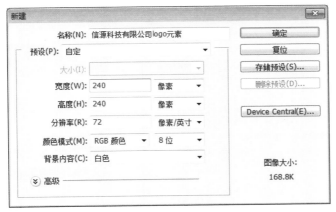

图 4-2　新建文件设置

任务 2　创建基本造型

步骤 1　选择【工具箱】中的【矩形工具】(快捷键：U)。若选择其他形状的工具可以使用快捷键(Shift + U)进行切换，包括"圆角矩形工具"、"椭圆工具"、"多边形工具"、"直线工具"和"自定义形状工具"。

步骤 2　在绘制矩形图形前，先确认选中的是"形状图层"绘制模式，然后绘制画布大小的正方形，如图 4-3 所示。

步骤 3　选中当前形状图层，点击【编辑】菜单中的【自由变换路径】项(快捷键：Ctrl + T)，如图 4-4 所示。

步骤 4　按住 Ctrl 键，将鼠标移至右上角描点处，拖动描点至对角线位置，先松开鼠标，再松开键盘，然后点击回车键，取消自由变换状态，如图 4-5 所示。

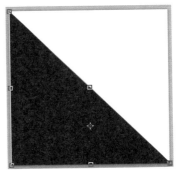

图 4-3　基本造型　　　　　　　图 4-4　自由变形　　　　　　　图 4-5　调整边角

任务 3　为基本造型设置渐变颜色

步骤 1　选择"图层"面板中的"形状 1"图层，点击右键选择"混合选项"。

步骤 2　在弹出的"图层样式"对话框中，勾选"渐变叠加"前面的复选框，并选择"渐变叠加"项，如图 4-6 所示。

步骤 3　点击"渐变叠加"设置区域中的渐变色条，弹出"渐变编辑器"对话框，并将颜色设置为如图 4-7 所示。

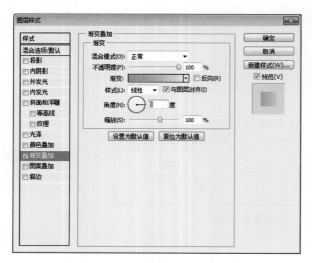

图 4-6　图层样式对话框

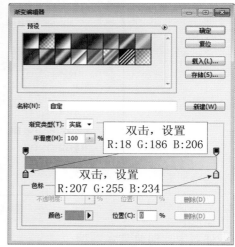

图 4-7　渐变编辑器对话框

任务 4　添加均等比例的柱形图案

　　步骤 1　点击【视图】菜单中的【标尺】，从左边标尺中拖动四根垂直辅助线，如图 4-8 所示。

　　步骤 2　在"图层"面板中点击 ⬛ 图标新建"图层 1"，选择该图层，然后鼠标点击【工具栏】中的【矩形选框工具】⬚（快捷键：M），依次拖出相同尺寸的矩形选区，并为这些矩形选区设置白色的背景色（快捷键：Ctrl + Delete），如图 4-9 和图 4-10 所示。

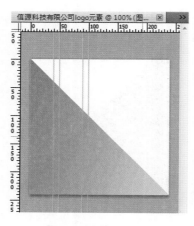

图 4-8　添加参考线

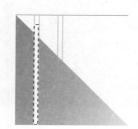

图 4-9　白色矩形条

图 4-10　绘制均等矩形条

任务 5　添加透明玻璃效果

　　步骤 1　在"图层"面板中点击 ⬛ 图标新建"图层 2"，选择该图层。

　　步骤 2　选择"钢笔工具"（快捷键：P），先确认钢笔工具选中的是"路径"模式，然后点击画布的左顶点，再点击画布的右下角，鼠标向右边拖动，拖出一条弧线，再点击画布的右上区域，最后再点击起点，形成一个闭合路径，如图 4-11 所示。

步骤 3　将路径变为选区（快捷键：Ctrl + Enter），将背景色白色应用到选区中（快捷键：Ctrl + Delete），如图 4-12 所示，然后取消选区状态（快捷键：Ctrl + D）。

步骤 4　设置图层 2 的不透明度为 20%，如图 4-13 所示。

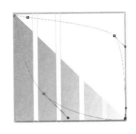 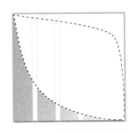 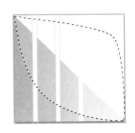

图 4-11　绘制曲线　　　　图 4-12　选区填充颜色　　　　图 4-13　图层的不透明度

任务 6　合并可见图层

点击【图层】菜单的【合并可见图层】命令（快捷键：Shift + Ctrl + E），将所有可见图层合并为一个图层。

任务 7　新建 logo 文件

步骤 1　点击【文件】菜单的【新建】命令（快捷键：Ctrl + N），如图 4-14 所示。

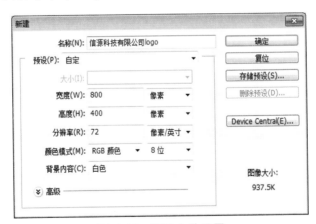

图 4-14　新建文件设置

任务 8　导入 logo 元素，组建 logo

步骤 1　将"信源科技有限公司 logo 元素"图层拖放到该画布中，复制一个相同的图层（快捷键：Ctrl + Alt + T），将复制图层的中心点移至左下角，如图 4-15 所示。

步骤 2　设置自由变换属性栏中的旋转角度为 90°，然后点击回车键取消自由变换状态，如图 4-16 所示。

步骤 3　点击两次组合快捷键"Ctrl + Shift + Alt + T"，将刚才的自由变换方式重复两次，得到的图形如图 4-17 和图 4-18 所示。

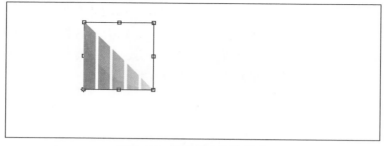

图 4-15　启动自由变换状态

图 4-16　设置自由变换的旋转角度

图 4-17　效果 1

图 4-18　完成的效果

任务 9　添加中英文公司名称

步骤 1　将实例素材中"第 4 章\实例 4.1\实例素材\迷你简菱心.TTF"文件，复制并粘贴到系统字体库文件夹"fonts"文件夹中，安装字体。

步骤 2　切换回 Photoshop CS5 环境中，点击【工具栏】中的【横排文字工具】(快捷键：T)，设置选项栏，如图 4-19 所示。

图 4-19　文本参数设置

步骤 3　在画布中输入文字"信源科技有限公司"。

步骤 4　在文字的下方点击后再输入"XINYUAN SCIENCE AND TECHNOLOGY"，设置选项栏中字体大小为"21"。

步骤 5　选择"移动工具"，将英文拖至文字的适当位置，最终效果见图 4-1。

3．实例总结

1）理性型的 logo 设计思路

理性型的 logo 设计主要具有规律性、逻辑性和严谨性的特点，可以使用一些技法将这些特点融入设计当中。这些技法包括：对称技法、反复技法、旋转技法、发射技法。可以利用 Photoshop 工具灵活变换来实现。

（1）对称技法：依照点、线、面和图形为镜像构成形的组合。例如中国银行、工商银行、中国联通的 logo。

（2）反复技法：通过一个基本形的反复出现，形成强烈的秩序和统一感，从而达到和谐的目的。例如奥迪汽车、中国人民银行的 logo。

（3）旋转反复技法：以固定点为中心，按照规定的角度旋转复制而构成形。例如奔驰汽车、凤凰卫视的 logo。

（4）发射反复技法：指以固定的中心为基础，由内向外或由外向内反复而构成形，通常可以将浏览者的注意力集中到形的中心处或者是发射的方向上。例如：华为软件的 logo。

2）操作技能方面

本实例中，主要用到 Photoshop CS5 的以下功能：

（1）图层的渐变操作：填充渐变工具中的色彩，通过拖动鼠标快捷地将渐变颜色应用到图层中。

（2）图层的变换控制：灵活地使用快捷键（Alt + 鼠标滚动）精确地控制图层的放大、缩小等变换效果。

（3）图层的记录复制：使用快捷键（Ctrl + Alt + T）使图形处于自由变换状态，当设置了旋转角度后再使用快捷键（Ctrl + Alt + Shift + T），将会在前一个操作的基础上继续重复操作。

实例 2 感性型 logo 设计

1. 实例分析

本实例是制作成都地铁的 logo。该 logo 是从疾驰的列车、飞扬的蜀锦、连绵的蜀山、柔美的水花、弯曲的隧道等 6 个画面中演变出来的，该 logo 的寓意为："巴山蜀水织锦绣，地铁生活扑面来"，如图 4-20 所示。

图 4-20　成都地铁 logo

该 logo 上的间隙好似弯曲的铁轨，形似飞扬的蜀锦，正形似绵延的蜀山，负形似柔美的水花。从设计策略上看,从城市和消费者两个层面入手,意味着"成都地铁、生活一脉"。

整个标志看起来像一列飞驰的列车,同时象征川流不息的含义,选择清秀的蓝色则有蓝天白云的意境。如今,该 logo 标志已经成为成都的一张闪亮名片。

2. 实施步骤

任务 1　新建文件

启动 Photoshop CS5,点击【文件】菜单的【新建】命令（快捷键：Ctrl + N）,如图 4-21 所示。

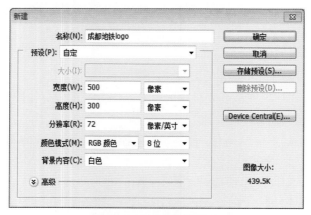

图 4-21　新建文件设置

任务 2　绘制地铁头部图案

步骤 1　选择"钢笔工具"（快捷键：P）,先确认钢笔工具选中的是"路径"模式,在画布的左边区域绘制出一条多个锚点的闭合灰线,如图 4-22 所示。

步骤 2　切换"钢笔工具"为"转换点工具",并调整各个锚点的曲线弧度,绘制效果如图 4-23 所示。

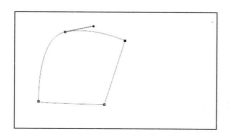

图 4-22　绘制路径锚点

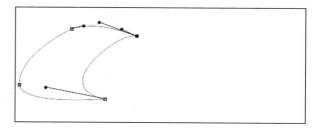

图 4-23　调整路径的锚点曲线

步骤 3　在"图层"面板中点击 ▣ 图标新建"图层 1",选择该图层。将路径转换为选区（快捷键：Ctrl + Enter）。

步骤 4　右击图层 1,选择"混合选项",在弹出的"图层样式"对话框中,勾选"颜色叠加"复选框，点击右边"颜色叠加"区域的色块，并在弹出的"选择叠加颜色"对话框中设置 RGB 颜色为 R:0　G:105　B:173，如图 4-24 所示；点击确定按钮后取消选区（快捷键：Ctrl + D），填充颜色后的效果如图 4-25 所示。

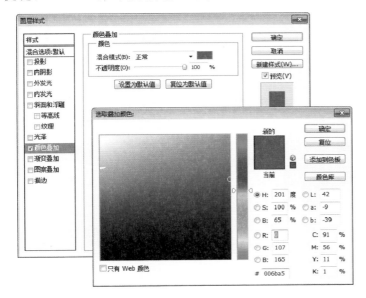

图 4-24　设置颜色叠加　　　　　　　　　　图 4-25　填充颜色

任务 3　绘制地铁中部图案

步骤 1　选择"钢笔工具"（快捷键：P），先确认钢笔工具选中的是"路径"模式，在画布的左边区域绘制出一条多个锚点的闭合灰线。

步骤 2　切换"钢笔工具"为"转换点工具"，并调整各个锚点的曲线弧度，绘制效果如图 4-26 所示。

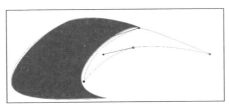

图 4-26　绘制中部图形

步骤 3　在"图层"面板中点击 图标新建"图层 2"，选择该图层。将路径转换为选区（快捷键：Ctrl + Enter）。

步骤 4　右击图层 2，选择"混合选项"，在弹出的"图层样式"对话框中，勾选"颜色叠加"复选框，点击右边"颜色叠加"区域的色块，并在弹出的"选择叠加颜色"对话框中设置 RGB 颜色为"R:0　G:134　B:206"，如图 4-27 所示；点击确定按钮后取消选区（快捷键：Ctrl + D），填充颜色后的效果如图 4-28 所示。

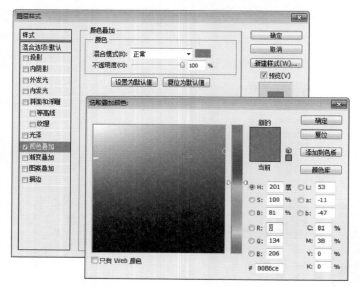

图 4-27　设置颜色叠加

图 4-28　填充颜色

任务 4　绘制地铁尾部图案

步骤 1　选择"钢笔工具"（快捷键：P），先确认钢笔工具选中的是"路径"模式，在画布的左边区域绘制出一条多个锚点的闭合灰线。

步骤 2　切换"钢笔工具"为"转换点工具"，并调整各个锚点的曲线弧度，绘制效果如图 4-29 所示。

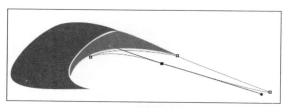

图 4-29　绘制尾部图形

步骤 3　在"图层"面板中点击 █ 图标新建"图层 3"，选择该图层。将路径转换为选区（快捷键：Ctrl + Enter）。

步骤 4　右击图层 3，选择"混合选项"，在弹出的"图层样式"对话框中，勾选"颜色叠加"复选框，点击右边"颜色叠加"区域的色块，并在弹出的"选择叠加颜色"对话框中设置 RGB 颜色为 R:74　G:182　B:239，如图 4-30 所示；点击确定按钮后取消选区（快捷键：Ctrl + D），填充颜色后的效果如图 4-31 所示。

3. 实例总结

1）感性型 logo 设计思路

感性型的 logo 设计有活力、时尚和自由的特点，不受太多外在的约束，利用直观和生动的造型来表现创意。通常感性型 logo 的设计会充分地利用曲线来造型。

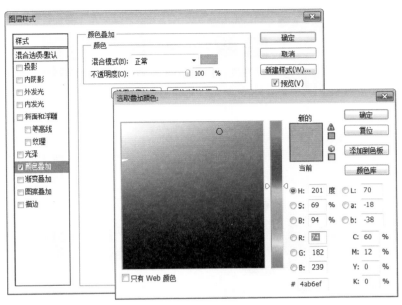

图 4-30　设置颜色叠加

图 4-31　填充颜色

2）操作技能方面

本实例主要使用到 Photoshop CS5 的钢笔工具、转换点工具、图层样式，灵活应用这些功能，可以很便捷地绘制出不同主题的造型。

本章小结

在本章中主要以两个实例介绍了网页设计中理性和感性两种不同类型 logo 的设计方法和操作技法，在设计过程中并非需要将这两种类型的设计方法孤立开来，有时候在一个设计中需要将这两种类型结合起来应用，读者需要深入理解和掌握它们的特点和应用技巧。

本章练习

1. 重新利用 Photoshop CS5 工具来制作实例 4.1，并用其他颜色进行填充，如图 4-33所示。

图 4-32　练习一

2. 以理性设计思路为基础，结合操作技法设计和制作出如图 4-34 所示的 logo，并写出设计和制作心得。

图 4-33　练习二

第 5 章　**Banner 设计**

本章开始学习内容规划的 banner 设计。banner 是指网页的顶部位置的横幅，它的作用是体现网站的中心意旨，形象鲜明地表达出网站的情感思想、文化理念、产品服务等信息。

Banner 的呈现形态主要有静态和动态两种。其中，静态 banner 通常使用的呈现方式为图片；动态 banner 主要以动画形式呈现（Flash 或者是 GIF 格式的动图）。本章将通过两个实例来讲解 banner 设计。

实例 1　时尚活力的图文设计

1. 实例分析

本实例将制作一个主要以图片构成的网页 banner，如图 5-1 所示，该实例使用到了六张图片，其中四张图片包括消费者和三个购物袋组成，另外两张为花的装饰图片，将这些图片放置在恰当的位置，以粉红色为背景，再加上 banner 的标语"购物时尚标，魅力优购网"，整体营造出一种以女性群体为主、具有时尚活力与愉快购物的主题氛围。

图 5-1　"优购网 banner"效果图

2. 实施步骤

任务 1　新建 banner 文件

启动 Photoshop CS5，点击【文件】菜单的【新建】命令（快捷键：Ctrl + N），如图 5-2 所示。

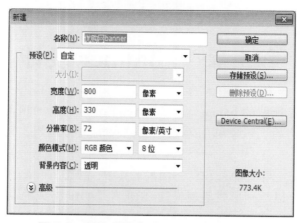

图 5-2　新建"优购网 banner"文件设置

任务 2　设置画布背景颜色

步骤 1　点击"工具栏"中的"渐变工具"（快捷键：G），设置选项栏，如图 5-3 所示；点击渐变色条，弹出"渐变编辑器"对话框，设置如图 5-4 所示，然后点击确定按钮。

图 5-3　渐变参数设置

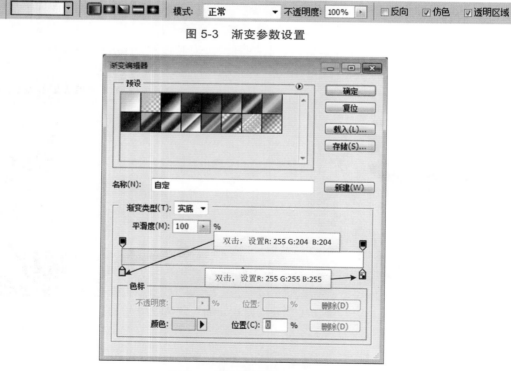

图 5-4　渐变编辑器对话框

步骤 2　选择"图层"面板中的"背景"图层，鼠标移至画布顶点，按下 Shift 键，垂直向下拖动鼠标，背景图层的颜色垂直渐变。

任务 3　绘制曲线造型并设置颜色

步骤 1　选择"钢笔工具"（快捷键：P），先确认钢笔工具选中的是"形状图层"模式，在画布的底部绘制出一条曲线造型，如图 5-5 所示。

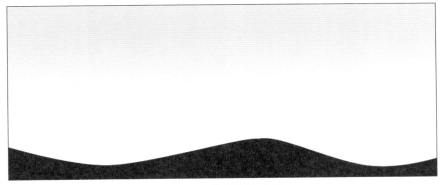

图 5-5　绘制波浪曲线

步骤 2　右键点击"图层"面板中的"形状 1"图层，选择"混合选项"，在弹出的"图层样式"对话框中勾选"颜色叠加"前的复选框，点击"颜色叠加"区域中的色条，如图 5-6 所示；在弹出的"选取叠加颜色"对话框中设置颜色为"R:255　G:104　B:104"，如图 5-7 所示。

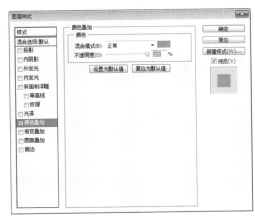

图 5-6　设置颜色叠加参数

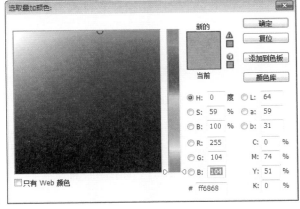

图 5-7　选区叠加颜色对话框

任务 4　复制第 2 条曲线造型和设置颜色

步骤 1　复制"形状 1"图层（快捷键：Ctrl＋J），在"图层"面板中选择"形状 1"图层，然后移动键盘上的上下左右键调整图层。

步骤 2　右键点击"图层"面板中的"形状 1 副本"图层，选择"混合选项"，在弹出的"图层样式"对话框中勾选"颜色叠加"前的复选框，点击"颜色叠加"区域中的色条，如图 5-8 所示；在弹出的"选取叠加颜色"对话框中设置颜色为"R:253　G:206　B:198"，如图 5-9 所示。

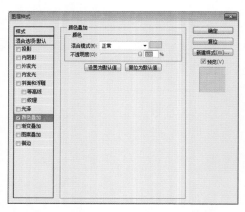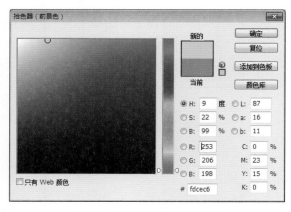

　　图 5-8　设置颜色叠加参数对话框　　　　　　图 5-9　选区叠加颜色对话框

任务 5　调整第 2 条曲线的造型

　　步骤 1　选择"图层面板"中的"形状 1 副本"图层的"矢量蒙版缩略图",将该图层处于路径编辑状态,使用鼠标拖动右上角的锚点,并调整成如图 5-10 所示的效果。

　　步骤 2　鼠标点击任意其他图层,取消路径编辑状态。

任务 6　导入 logo 素材

　　步骤 1　点击【文件】菜单中的【打开】项(快捷键:Ctrl + O),打开素材"第 5 章\实例 5.1\实例素材\logo 素材.psd"文件,如图 5-11 所示。

　　　图 5-10　两条造型曲线效果　　　　　　　　图 5-11　优购物 logo

　　步骤 2　选中图层中的图形,全选(快捷键:Ctrl + A),复制内容(快捷键:Ctrl + C)。

　　步骤 3　切换到"优购物 banner"所在的画布,然后粘贴(快捷键:Ctrl + V)。

　　步骤 4　点击"工具栏"中的"移动工具"(快捷键:V),移动 logo 到合适的位置,如图 5-12 所示。

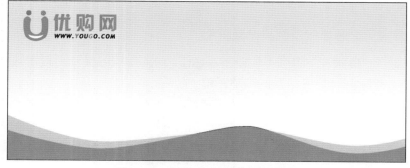

　　　　　　　　图 5-12　导入 logo 图像到画面中

任务 7　添加导航菜单

步骤 1　点击"横排文字工具"（快捷键：T），并设置选项栏，如图 5-13 所示。

图 5-13　文本参数设置

步骤 2　在画布的右上角位置输入文本"主页 | 收藏站点 | 联系我们"，如图 5-14 所示，然后取消文字编辑状态（快捷键：Ctrl + Enter）。

图 5-14　在画面中编排导航菜单

任务 8　添加扇形的广告文字

步骤 1　打开素材"第 5 章\实例 5.1\实例素材\迷你简菱心.TTF"文件，复制并粘贴到系统字体文件夹（fonts）中，安装字体。

步骤 2　回到 Photoshop CS5 中，点击"横排文字工具"（快捷键：T），并设置选项栏，如图 5-15 所示。

图 5-15　文本参数设置

步骤 3　鼠标点击第 1 条曲线造型的凸起区域，输入广告文字"购物时尚标，魅力优购网"，如图 5-16 所示。

图 5-16　导入文本标语

步骤 4 单击设置选项栏中的"创建文字变形"按钮，如图 5-17 所示；在弹出的"变形文字"对话框中修改文字变形的样式为"扇形"，弯曲为 30%，如图 5-18 所示；然后取消文字编辑状态（快捷键：Ctrl + Enter）。

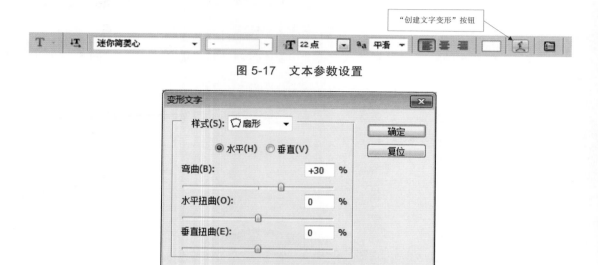

图 5-17　文本参数设置

图 5-18　变形文字对话框

步骤 5 选择"移动工具"（快捷键：V），把变形广告文字移动到如图 5-19 所示的位置。

图 5-19　添加变形文本标语效果

任务 9 添加人物和图片素材

步骤 1 点击【文件】菜单的【打开】项，打开素材"第 5 章\实例 5.1\实例素材\消费者.psd"文件。

步骤 2 选中图层中的图形，全选（快捷键：Ctrl + A），复制内容（快捷键：Ctrl + C）。

步骤 3 切换到"优购物 banner"所在的画布，然后粘贴（快捷键：Ctrl + V）。

步骤 4 重复步骤 1～3，将同目录下的"购物袋 1.psd"、"购物袋 2.psd"、"购物袋 3.psd"

和"花.psd"文件添加到画布中，如图 5-20 所示。

图 5-20　完成后的效果

任务 10　调整图片素材的位置关系

步骤 1　选择"图层"面板中的"消费者"图层，将该图层拖动至"形状 1"和"形状 1 副本"图层之间。

步骤 2　相同操作将"购物袋 3"所在的图层，拖动至"形状 1"和"形状 1 副本"图层之间，最终效果见 5-1。

3. 实例总结

1）相关设计理论

Banner 设计的关键是准确地把握主题，将适合的图片、适合的字体与色彩搭配相结合，较为准确、形象、直观地表达出主题思想。

适合的图片：采用原创或检索的图片，将其应用到设计当中，作为表达主题思想的一种素材。配图在设计中尤为重要，一个精美适合的图片可以让浏览者轻松、直观地感受到设计者想表达的思想。以实例 5.1 来说，该 banner 为网上购物网站所设计，微笑的消费者和购物袋营造了一种轻松愉快的购物氛围。

色彩：以实例 5.1 来说，网站的主要目标群体为女性，色彩选择粉色来搭配较为贴近女性群体的色彩特点。以渐变色作为背景，主要体现一种缓和、优美、协调的气息。

字体的选用也很重要，适合的字体会为设计添加很多色彩，不同类型的主题使用的字体有所不同。比如，以信任为宗旨的主题设计，选用圆润有趣的字体将不太适合，会给人一种油腔滑调的感觉；再如，以食物公司为主的字体选用轻松、圆滑、手写的风格较为适合。

2）操作技能方面

本实例中，主要使用到 Photoshop CS5 的以下功能：

（1）变形文字。

变形文字除了可以使用"创建变形文字"来实现，也可以使用路径与文字工具，还可以使用【滤镜】菜单中【扭曲】下拉列表项中的命令来实现。

（2）钢笔工具的模式设置。

钢笔工具用于绘制曲线，绘制的模式有"形状图层"和"路径"两种，前者建立的是一个图层矢量蒙版，而后者建立的则是一个路径。

实例 2　企业 logo 延伸的图文设计

1．实例分析

本实例将从一个学校的 logo 进行延伸，在此基础上来设计网页的 banner，这样的设计可以结合 logo 的造型，把 banner 设计得更融洽和谐，如图 5-21 所示。

图 5-21　最终效果

2．实施步骤

任务 1　新建 banner 文件

启动 Photoshop CS5，点击【文件】菜单的【新建】命令（快捷键：Ctrl + N），如图 5-22 所示。

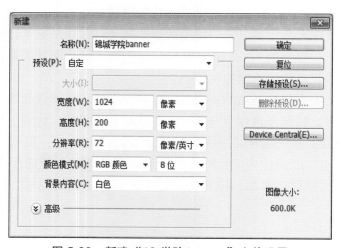

图 5-22　新建"JC 学院 banner"文件设置

任务 2　设置画布背景颜色

步骤 1　点击"工具栏"中的"渐变工具"（快捷键：G），设置选项栏，如图 5-23 所示；点击渐变色条，弹出"渐变编辑器"对话框，设置如图 5-24 所示，然后点击确定按钮。

图 5-23　渐变参数设置

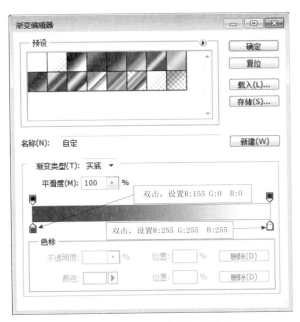

图 5-24　渐变编辑器对话框

步骤 2　选择"图层"面板中的"背景"图层，鼠标移至画布顶点，按下 Shift 键，垂直向下拖动鼠标，效果如图 5-25 所示。

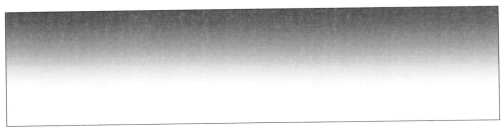

图 5-25　完成后的效果

任务 3　导入校徽和校训等图片素材

步骤 1　点击【文件】菜单的【打开】项（快捷键：Ctrl + O），打开素材"第 5 章\实例 5.2\实例素材\校徽.psd"文件。

步骤 2　选中图层中的图形，全选（快捷键：Ctrl + A），复制内容（快捷键：Ctrl + C）。

步骤 3　切换到"锦城学院 banner"所在的画布，然后粘贴（快捷键：Ctrl + V）。

步骤 4　右击"校徽"图层，选择"混合选项"，在弹出的"图层样式"中勾选并点击"外发光"项，在右边的区域中设置相关参数，如图 5-26 所示。

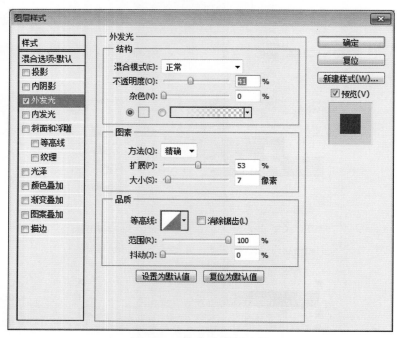

图 5-26　外发光参数设置

步骤 5　重复步骤 1~3 的操作，将同目录下的"校训.psd"和"校名.psd"文件添加到画布中。

步骤 6　选择"移动工具"（快捷键：V），分别把"校徽"图层、"校训"图层和"校名"图层的内容拖动至如图 5-27 所示的位置。

图 5-27　完成后的效果

任务 4　绘制 3 条彩虹曲线

步骤 1　点击"工具栏"中的"钢笔工具"，在选项栏中将模式改为"形状图层"模式，然后将前景色设置为白色，并绘制如图 5-28 所示的彩虹曲线。

步骤 2　选择"图层"面板中"形状 1"图层，在面板中的右上角，将不透明度值设置为"20%"。通过 2 次复制图层（快捷键：Ctrl + J）操作，启动自由变换状态（快捷键：Ctrl + T），将这 3 条彩虹曲线调整到如图 5-29 所示的位置，同样的操作将不透明度值设置为"20%"。

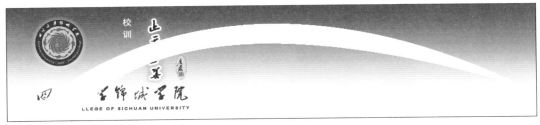

图 5-28　完成后的效果

图 5-29　完成后的效果

任务 5　添加鸽子图案

步骤 1　点击【文件】菜单的【打开】项（快捷键：Ctrl + O），打开素材"第 5 章\实例 5.2\实例素材\鸽子.psd"文件。

步骤 2　选中图层中的图形，全选（快捷键：Ctrl + A），复制内容（快捷键：Ctrl + C）。

步骤 3　切换到"锦城学院 banner"所在的画布，然后粘贴（快捷键：Ctrl + V）。

步骤 4　选择"移动工具"（快捷键：V），分别把"鸽子"图层的内容拖至如图 5-30 所示的位置。

图 5-30　完成后的效果

任务 6　添加学校建筑背景图

步骤 1　点击【文件】菜单的【打开】项（快捷键：Ctrl + O），打开素材"第 5 章\实例 5.2\实例素材\学校建筑.psd"文件。

步骤 2　选中图层中的图形，全选（快捷键：Ctrl + A），复制内容（快捷键：Ctrl + C）。

步骤 3　切换到"锦城学院 banner"所在的画布，然后粘贴（快捷键：Ctrl + V）。

步骤 4　选择"移动工具"（快捷键：V），分别把"学校建筑"图层的内容拖动至画布的最右边对齐，位置如图 5-31 所示。

步骤 5　点击该"图层"面板下方的"添加图层蒙版"按钮 ⬛，选择"渐变工具"（快捷键：G），点击选项栏中色条下拉列表，选择该下拉列表中的黑白颜色，然后鼠标从"学校建筑"图像的左边缘一直拖至右边缘松开鼠标，效果如图 5-32 所示。

图 5-31　完成后的效果

图 5-32　完成后的效果

提示：图层蒙版效果的变化是黑色区域图像透明，灰色区域图像半透明，白色区域图像不透明。通常在图层中添加蒙版，在蒙版中采用黑白渐变色，用于达到图层理想的过渡效果。

任务 7　添加文字广告语

步骤 1　点击"横排文字工具"（快捷键：T）并设置选项栏，字体为"楷体"，字号为"8"，字体颜色为"R:155　G:0　B:0"，如图 5-33 所示。

图 5-33　文本参数设置

步骤 2　鼠标点击画布的右上角区域，输入广告文字"团结·奋进·勇于·创新"，按 Ctrl + Enter 键取消文字编辑状态，然后选择"移动工具"将其移至如图 5-21 所示位置。

步骤 3　右击该文字图层，选择"混合选项"，在弹出的"图层样式"中勾选并点击"描边"项，在右边的设置区域中设置"大小"值"3 像素"，"颜色"值"白色"，如图 5-34 所示。

3. 实例总结

1）相关设计理论

学校的 logo 在 banner 中的使用需要巧妙的结合，不要生搬硬套的累加上去。以实例 5.2 来说，需要将学校的理念、校训、校园、校徽、标语等信息，通过造型、版式、色彩调配的技法巧妙地整合在一起，塑造出一种贴近学校应有的积极向上的气息。

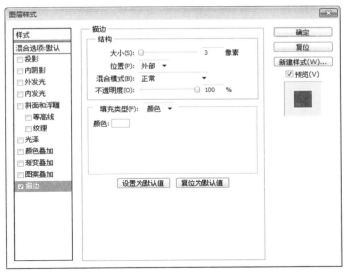

图 5-34　描边参数设置

2）操作技能方面

本实例中，主要使用到 Photoshop CS5 的以下功能：

（1）图层蒙版的使用。

蒙版的特点是在不改变原图内容的基础上，采用特定的技法来处理和合成图像。它的优点是修改方便；可运用不同滤镜，以产生特定的特效；蒙版的黑色区域为完全透明，白色区域为完全不透明。

蒙版的主要作用：抠图；做图的边缘淡化效果；图层间的融合。

（2）透明效果的设置。

设置透明效果通常有两种方式："不透明度"和"填充"。前者是对整个图层起作用，包括图层特效，比如阴影、外发光、内发光等效果全部透明；而后者只对图层上的填充颜色起作用，对图层特效不起作用。

本章小结

本章主要介绍了网页设计中 Banner 模块常用的设计方法，这两个实例的设计特点是需要准备大量的素材并加以整合，其中素材有文本标语、图像、装饰等。在制作过程中会产生大量的图层，这时候需要灵活处理图层与图层之间的相互关系，从而达到设计的特殊艺术效果，这需要具有一定的立体和空间想象力才能实现。

本章练习

重新设计实例 5.1 和实例 5.2，要求以相同的主题不同的设计，自主准备素材，设计过程中需要结合前面章节中所学的相关理论和操作技法，并写出设计思想和感受。

第6章　网页导航菜单设计

　　导航栏是将网站各个主要内容进行分类汇总后，以目录结构的形式放置在网页的顶部区域，它的作用是清晰、醒目、有条理的将网站的信息提供给浏览者，并引导浏览者阅读网页内容。

　　导航菜单在设计上要注意美观、舒适、和谐。本章将通过两个实例来介绍导航菜单的设计，一个是精简风格的导航菜单设计，一个是水晶效果的导航菜单设计。

实例 1　精简风格的导航菜单设计

1. 实例分析

　　以 LM 网站的导航菜单为例，结构采用的是矩形条，背景为绿色和蓝色的渐变效果，导航栏共有 7 项，按内容的重要程度由左向右依次排列，被激活的菜单项以背景为白色的圆角矩形来呈现，效果如图 6-1 所示。

首页　|　系科介绍　|　教学科研　|　师资队伍　|　学术讲坛　|　校内实训平台　|　数字化平台

图 6-1　最终效果

2. 实施步骤

任务 1　新建 banner 文件

　　启动 Photoshop CS5，点击【文件】菜单的【新建】命令（快捷键：Ctrl + N），如图 6-2 所示。

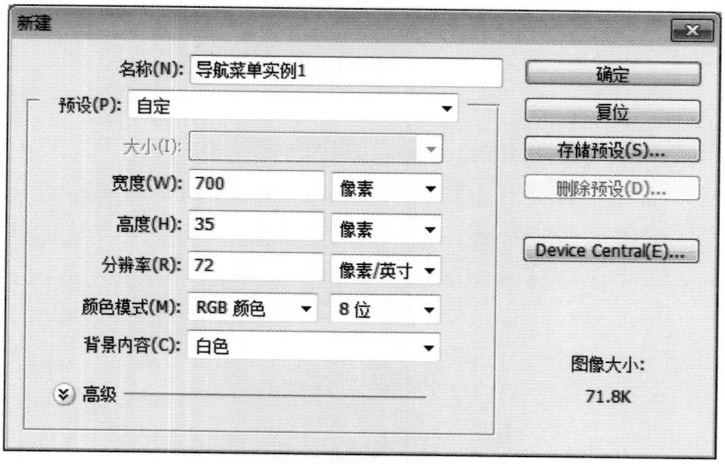

图 6-2　新建"导航菜单实例 1"文件设置

任务 2　设置渐变背景

步骤 1　点击"工具栏"中的"渐变工具"（快捷键：G），设置选项栏，如图 6-3 所示。点击渐变色条，在弹出的"渐变编辑器"对话框中按照如图 6-4 所示进行设置，然后点击确定按钮。

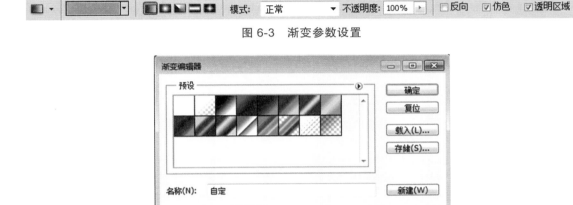

图 6-3　渐变参数设置

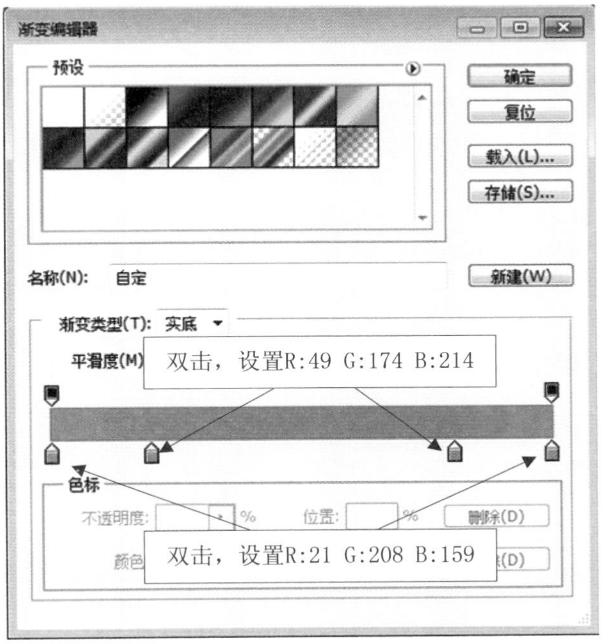

图 6-4　渐变编辑器对话框

步骤 2　选择"图层"面板中的"背景"图层，按下 Shift 键，鼠标移至画布左边沿一直拖动至右边沿后释放鼠标，如图 6-5 所示。

图 6-5　完成后的效果

任务 3　添加导航栏文字

步骤 1　打开素材"第 6 章\实例 6.1\实例素材\导航菜单文本.txt"文件。

步骤 2　全选（快捷键：Ctrl + A）文字，复制内容（快捷键：Ctrl + C）。

步骤 3　切换到"导航菜单实例 1"所在的画布，然后点击"横排文字工具"并设置选项栏，其中字体为"黑体"，大小为"14 点"，颜色为"白色"，鼠标点击画布启动文字编辑状态，然后粘贴文本（快捷键：Ctrl + V），按住 Ctrl + Enter 退出文字编辑状态。

步骤 4　选择“移动工具”，将文字移动至画布的中央位置，上下和左右都留出等距的空间，如图 6-6 所示。

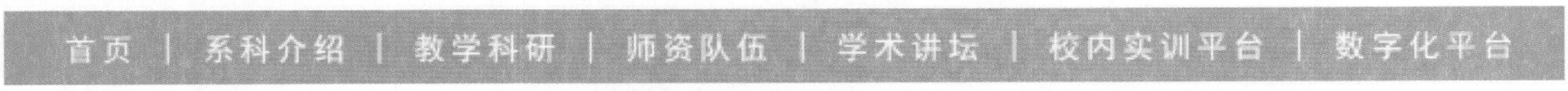
首页 | 系科介绍 | 教学科研 | 师资队伍 | 学术讲坛 | 校内实训平台 | 数字化平台

图 6-6　完成后的效果

任务 4　设置导航栏“系科介绍”的被激活状态

步骤 1　在“图层”面板中点击图标新建“图层 1”，选择该图层。

选择 2　选择“矩形工具”中的“圆角矩形工具”，在上方的选项栏中设置“填充像素”模式，半径为“10px”，如图 6-7 所示。

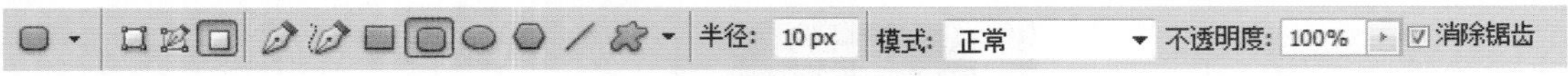
半径: 10 px
模式: 正常
不透明度: 100%
消除锯齿

图 6-7　圆角矩形参数设置

步骤 3　在画布的“系科介绍”文字上方，拖动鼠标在“图层 1”中绘制出一个圆角矩形。

步骤 4　双击“图层”面板中导航文字图层的缩略图，文字处于编辑状态，鼠标选中“系科介绍”四个字，然后在上方的选项栏中设置其颜色为“R:0　G:118　B:180”，按住 Ctrl + Enter 键退出文字编辑状态，最终效果如图 6-1 所示。

3. 实例总结

1）相关设计理论

精简风格的方案，在没有额外图片素材的情况下，使用内容排版和色彩搭配也可以设计出精简风格的网页方案。但不是所有的色彩都可以调配出好的效果，必须结合整个网页的风格来调和，导航栏的内容排版应进行有规律的规划，如大小、行距、间距、字体等应该有统一的规则。

2）操作技能

在本实例中没有使用到新的技法，主要用到了渐变工具中添加多种颜色以及对这些颜色渐变比例的控制，最终达到和谐、统一的效果。对文本内容的排版规划，使用工具的参考线让各个导航菜单项有相同的间距和规则的排版。

实例 2　水晶效果导航菜单设计

1. 实例分析

本实例是制作水晶效果的导航菜单，通过调整按钮的光线与不透明度使菜单具有水晶效果，看起来比较精美和时尚，效果如图 6-8 所示。

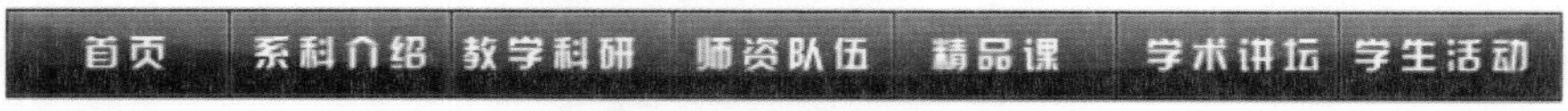
首页
系科介绍
教学科研
师资队伍
精品课
学术讲坛
学生活动

图 6-8　最终效果

2. 实施步骤

任务 1　新建 banner 文件

启动 Photoshop CS5，点击【文件】菜单的【新建】命令（快捷键：Ctrl + N），如图 6-9 所示。

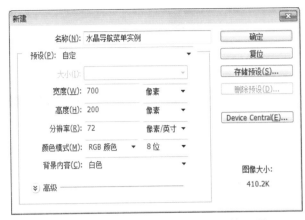

图 6-9　新建"水晶导航菜单"文件设置

任务 2　设置菜单底色的图层样式

步骤 1　在"图层"面板中点击 图标新建"图层 1"，选择该图层。

选择 2　选择"矩形选框工具"，在画布的左侧绘制出大小为宽为 90px、高为 40px 的矩形选区。

步骤 3　右击图层 1，选择"混合选项"，在弹出的"图层样式"对话框中，勾选"内阴影"复选框，详细设置如图 6-10 所示；再勾选"内发光"复选框，详细设置如图 6-11 所示；点击"渐变叠加"设置区域中的色条，在弹出的"渐变编辑器"对话框中设置如图 6-12 和 6-13 所示；勾选"描边"复选框，详细设置如图 6-14 所示；最后点击确定按钮完成设置，画面效果如图 6-15 所示。

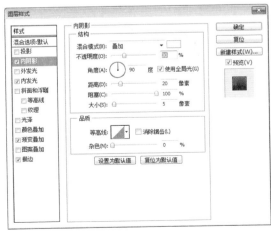

图 6-10　内阴影参数设置

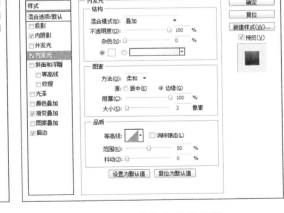

图 6-11　内发光参数设置

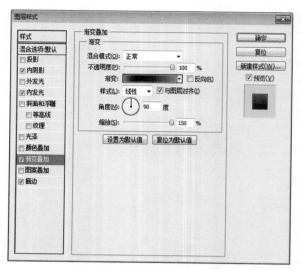

图 6-12 渐变叠加参数设置

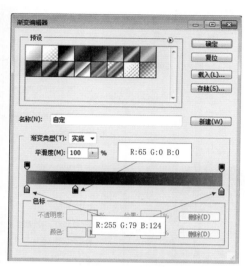

图 6-13 渐变编辑器对话框

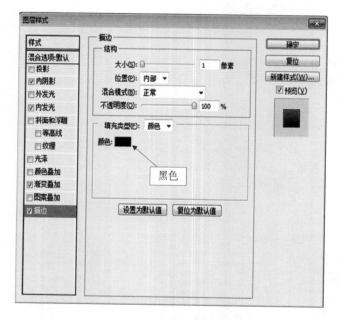

图 6-14 描边参数设置

图 6-15 完成后的效果

任务 3　复制多个相同样式菜单

步骤 1　在图层面板中选中"图层 1"，复制并启动自由变换状态（快捷键：Ctrl + Alt + T）。

步骤 2　将新的菜单水平移至前一个菜单的右边缘处，取消自由变换状态（快捷键：Enter）。

步骤 3　复制并应用上一次自由变换操作的菜单（快捷键：Ctrl + Alt + Shift + T），效果如图 6-16 所示。

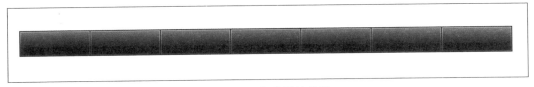

图 6-16　完成后的效果

任务 4　为菜单添加玻璃效果

步骤 1　在"图层"面板中点击 图标新建"图层 2",选择该图层。

选择 2　选择"钢笔工具"(快捷键:P),在菜单的上方绘制出一个弧形的图形,将钢笔工具绘制的路径变为选区(快捷键:Ctrl + Enter)。

步骤 3　将前景色设置为"白色",并将前景色应用在"图层 2"中的选区(快捷键:Alt + Delete),然后取消选区状态(快捷键:Ctrl + D)。

步骤 4　设置"图层 2"的"不透明度"属性值为"20%",效果如图 6-17 所示。

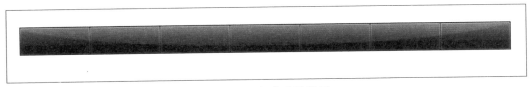

图 6-17　完成后的效果

任务 5　为菜单添加导航文字

步骤 1　打开素材"第 6 章\实例 6.2\实例素材\迷你简菱心.TTF"文件,复制并粘贴到系统字体文件夹(fonts)中,安装字体。

步骤 2　回到 Photoshop CS5 中,点击"横排文字工具"(快捷键:T),并设置选项栏,如图 6-18 所示。

图 6-18　文本参数设置

步骤 3　鼠标点击画布上方的横条幅左侧,输入文字"首页 系科介绍 教学科研 师资队伍 精品课 学术讲坛 学生活动",按 Ctrl + Enter 退出文字编辑状态,选择"移动工具",将其文字移动至相应的位置,完成后的效果如图 6-8 所示。

3. 实例总结

1)相关设计理论

水晶的特点是透明、晶莹、光照下来有明显的反光,也有比较明显的折射。所以在设计水晶风格的导航菜单时需要准确地把握水晶效果的特点,特别是光线与色彩的调和。

2)操作技能

本实例没有使用到设计工具中新的技法,主要用到渐变工具来调整按钮的背景色,以及改变图层的不透明度来产生高亮的效果。对文本内容的排版规划，使用工具的参考线让各个导航菜单项有相同的间距和规则的排版。

本章小结

本章主要通过两个实例介绍了网页设计中导航菜单的制作方法，在制作这两个实例的过程中，需要娴熟地应用渐变效果使画面更加自然和浑然一体，这需要对工具中"渐变编辑器"精细的调制和充分的理解，才能得心应手地绘制出各种艺术效果。

本章练习

通过不同的配色重新设计实例 6.1 和实例 6.2，在设计过程中要注意利用渐变填充的灵活用法，合理地使用图层的不透明度来实现高光立体效果，在操作过程中需要细心和耐心地调试各种设置对话框，深入体会设计理论和操作技法之间的关系。

第 7 章 网页栏目框设计

网页栏目是网站按照不同内容、功能、模块等设置的符合整个网站特点的标志。设计网页栏目框时，要根据栏目内容的特点来搭配图片和标题文字，使设计达到直观大方和轻松自然的效果。本章将结合两个实例来介绍网页栏目框的设计技法。

实例 1 "全球要闻" 栏目框设计

1. 实例分析

本实例以制作 "全球要闻" 栏目框为例，在学习过程中要掌握色彩搭配、素材选择和造型上遥相呼应的方法。本实例的色彩选择以蓝色为主，图片选择地球小图标与主题呼应，造型上采用对比法来突出标题的重点，效果如图 7-1 所示。

图 7-1 最终效果

2. 实施步骤

任务 1 新建 banner 文件

启动 Photoshop CS5，点击【文件】菜单的【新建】命令（快捷键：Ctrl + N），如图 7-2 所示。

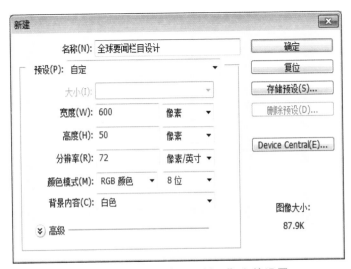

图 7-2 新建 "全球要闻栏目" 文件设置

任务2　绘制矩形

步骤1　点击"图层"面板下方的"创建新图层"按钮 ，创建　"图层1"　新图层，鼠标选择"矩形选框工具"（快捷键：M），从画布的左边缘向右拖动出一个矩形选区。

步骤2　鼠标点击设置栏中的"添加到选区"按钮，如图7-3所示；然后在画布中继续添加长条的矩形选区，如图7-4所示。

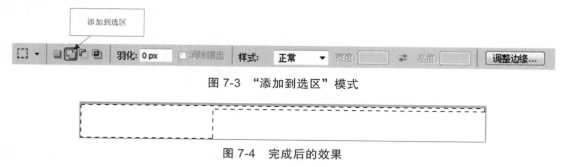

图7-3　"添加到选区"模式

图7-4　完成后的效果

步骤3　设置前景色的RGB色码值R:7　G:108　B:170，将前景色应用到图层1的选区中（快捷键：Ctrl + Delete），取消选区（快捷键：Ctrl + D），完成后的效果如图7-5所示。

图7-5　完成后的效果

任务3　添加栏目主题文字

步骤1　打开素材"第7章\实例7.1\实例素材\迷你简菱心.TTF "文件，复制并粘贴到系统字体文件夹（fonts）中，安装字体。

步骤2　回到Photoshop CS5中，点击"横排文字工具"（快捷键：T），并设置选项栏，其中字体为"迷你简菱心"，大小为"22点"，颜色为"白色"等，如图7-6所示。

图7-6　文本参数设置

步骤3　鼠标移动到左边区域点击画布后，输入文字"全球要闻"，按Ctrl + Enter退出文字编辑状态。

步骤4　再点击"横排文字工具"并设置选项栏，其中字体为"迷你简菱心"，大小为"16点"，颜色为"R:7　G:108　B:170"等，如图7-7所示。

图7-7　文本参数设置

步骤5　鼠标移动至画布的右下方，点击画布输入文字" + 查看更多"，如图7-8所示，按Ctrl + Enter退出文字编辑状态。

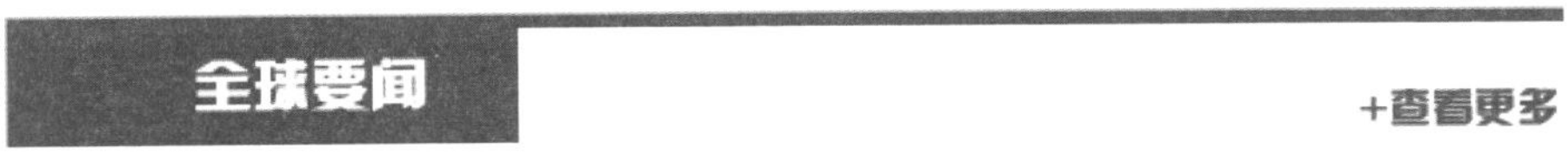

全球要闻　　　　　　　　　　　　　　　　　　　　　　+查看更多

图 7-8　完成后的效果

任务 4　导入地球和三角形图形

步骤 1　选择"矩形工具"（快捷键：U）中的"自定义形状工具" ，在选项栏中设置模式为"形状图层"，在"形状"所对应的下拉列表中选择"地球"小图标，颜色为"白色"，如图 7-9 所示。

图 7-9　自定义形状设置

步骤 2　鼠标移至主题文字的前方，按 Shift 键拖放鼠标绘制出白色的地球图形，选择"移动工具"，将该图形移至合适的位置。

步骤 3　重复步骤 2，将"自定义形状工具"中的"三角形"图形移动至如图 7-10 所示的位置。

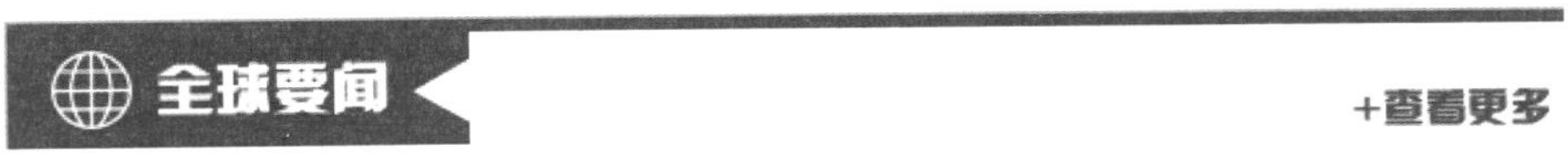

⊕ 全球要闻 ◀　　　　　　　　　　　　　　　+查看更多

图 7-10　完成后的设置

任务 5　添加高光效果

步骤 1　在"图层"面板中点击 图标新建"图层 2"，选择该图层。

步骤 2　选择"钢笔工具"（快捷键：P），先确认钢笔工具选中的是"路径"模式，然后点击画布的左顶点，再点击矩形图形的右下角，拖出一条弧线，沿着矩形边缘向上至左顶点形成一个闭合路径，如图 7-11 所示。

步骤 3　将路径变为选区（快捷键：Ctrl + Enter），将背景色白色应用到选区中（快捷键：Ctrl + Delete），如图 7-12 所示，然后取消选区状态（快捷键：Ctrl + D）。

步骤 4　设置图层 2 的不透明度为 20%，如图 7-13 所示。

图 7-11　绘制路径

图 7-12　填充颜色

图 7-13　完成后的效果

任务 6　设置渐变色的背景图层

步骤 1　点击"工具栏"中的"渐变工具"（快捷键：G），设置选项栏，点击渐变色条，弹出"渐变编辑器"对话框设置如图 7-14 所示，然后点击确定按钮。

步骤 2　选择"图层"面板中的"背景"图层，鼠标移至画布左边，按下 Shift 键，水平向右拖动鼠标，效果如图 7-15 所示。

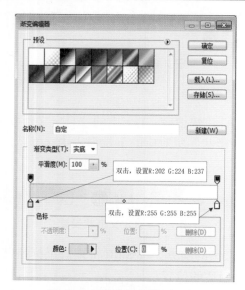

图 7-14   渐变编辑器对话框

图 7-15   完成后的效果

3. 实例总结

1）相关设计理论

本实例从色彩搭配、素材选择、造型控制的角度对资讯类栏目进行框架设计，在"全球新闻"栏目框的设计中使用蓝色为主色调，强调的是冷静、理智、求真务实，图片选择地球小图标与主题文本融洽，在造型上采用面积对比、形状对比、大小对比来突显主题。

2）操作技能

本实例使用到的主要功能有"添加到选区"、"添加自定义形状工具"、导入字体、钢笔工具绘制路径和设置不透明度。其中，选区的设置有 4 种模式，分别是"新选区"、"添加到选区"、"从选区减去"和"与选取交叉"，本实例使用到的是"添加到选区"模式。

实例2 "文化之旅"栏目框设计

1. 实例分析

本实例以制作"文化之旅"栏目框为例。本实例中为了保持栏目框的平衡性，左边区域有图和文，右边区域则需要增添辅助内容，效果如图 7-16 所示。

图 7-16   最终效果

2. 实施步骤

任务 1　新建文件

启动 Photoshop CS5，点击【文件】菜单的【新建】命令（快捷键：Ctrl + N），如图 7-17 所示。

图 7-17　新建"文化之旅栏目"文件设置

任务 2　设置栏目框图层样式

步骤 1　在"图层"面板中点击 ▢ 图标新建"图层 1"，选择该图层。

步骤 2　右击图层 1，选择"混合选项"，在弹出的"图层样式"对话框中，勾选"内阴影"复选框，详细设置如图 7-18 所示；再勾选"渐变叠加"复选框，详细设置如图 7-19 所示；点击"渐变叠加"设置区域中的色条，在弹出的"渐变编辑器"对话框中按照如图 7-20 所示进行设置。点击确定按钮完成设置，画面效果如图 7-21 所示。

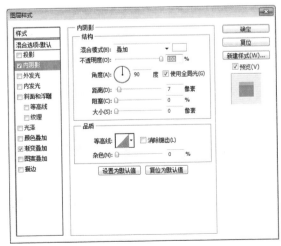

图 7-18　内阴影参数设置

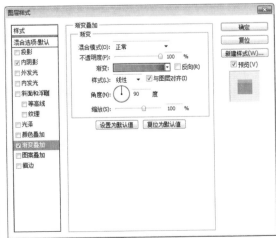

图 7-19　渐变叠加参数设置

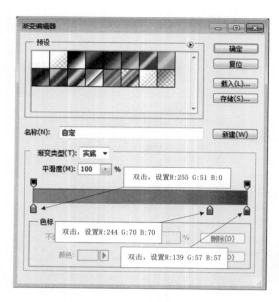

图 7-20　渐变编辑器对话框

图 7-21　完成后的效果

任务 3　导入素材

步骤 1　点击【文件】菜单的【打开】项（快捷键：Ctrl + O），打开素材"第 7 章\实例 7.2\实例素材\马.psd"文件。

步骤 2　选中图层中的图形，全选（快捷键：Ctrl + A），复制内容（快捷键：Ctrl + C）。

步骤 3　切换到"文化之旅栏目设计"所在的画布，然后粘贴（快捷键：Ctrl + V）。

步骤 4　选择"移动工具"，将该图层移至如图 7-22 所示的位置。

图 7-22　完成后的效果

任务 4　设置文字效果

步骤 1　打开素材"第 7 章\实例 7.2\实例素材\迷你简菱心.TTF"文件，复制并粘贴到系统字体文件夹（fonts）中，安装字体。

步骤 2　回到 Photoshop CS5 中，点击"横排文字工具"（快捷键：T），并设置选项栏，如图 7-23 所示。

图 7-23　文本参数设置

步骤 3　鼠标点击画布左方，输入文字"文化之旅"，然后单独选择"文"字，将其字体大小修改为"50"，按 Ctrl + Enter 退出文字编辑状态，选择"移动工具"，将其文字的位置移动至如图 7-24 所示。

图 7-24　完成后的效果

步骤 4　右击"文化之旅"文本图层，选择"混合选项"，在弹出的"图层样式"对话框中，勾选"外发光"复选框，详细设置如图 7-25 所示；勾选"斜面和浮雕"复选框，详细设置如图 7-26 所示；再勾选"描边"复选框，详细设置如图 7-27 所示。点击确定按钮完成设置，画面效果如图 7-28 所示。

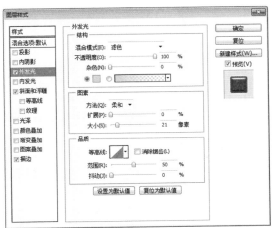

图 7-25　外发光参数设置

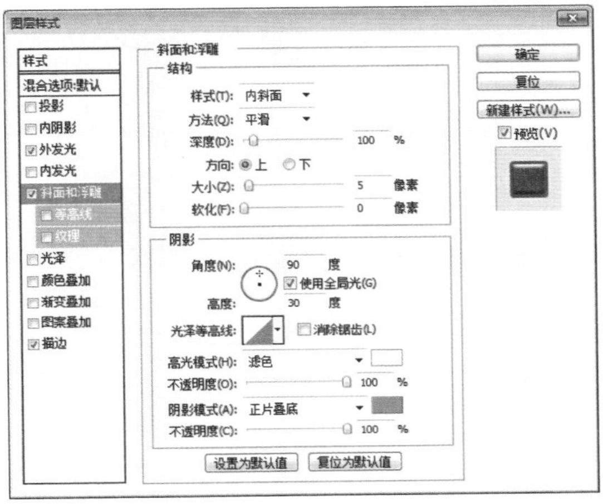

图 7-26　斜面与浮雕参数设置

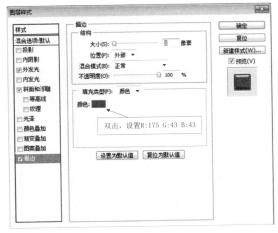

图 7-27　描边参数设置

图 7-28　完成后的效果

任务 5　设置画笔

步骤 1　在"图层"面板中点击　图标新建"图层 2"，选择该图层。

步骤 2　将"工具栏"中的前景色设置为白色。

步骤 3　选择"画笔工具"（快捷键：B），启动"画笔"面板（快捷键：F5），在弹出的"画笔面板"设置窗口中分别选择"画笔预设"和"动态形状",并设置参数如图 7-29 和图 7-30 所示。

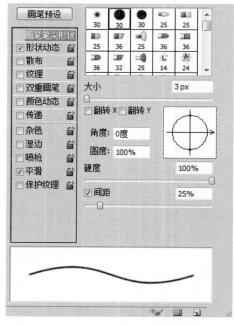

图 7-29 画笔预览设置

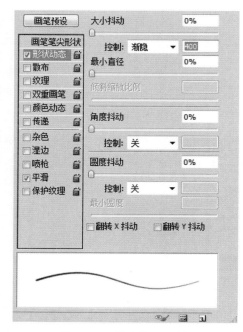

图 7-30 渐隐效果设置

任务 6 绘制多条线段

选择"图层"面板中的"图层 2",将鼠标移至画笔的右方,按住 shift 键,在画布中设置起点和终点,这两点形成了线段,重复使用该方法绘制多条线段,可以灵活发挥,最终效果如图 7-31 所示。

图 7-31 完成后的效果

3. 实例总结

1)相关设计理论

在本实例的"文化之旅"栏目框的设计中使用红色为主色调,强调的是喜庆、吉祥、激情的特点,图片选择中国生肖的马与主题"文化"遥相呼应,在设计的原则上运用了统一性、和谐性、对比性原则来突显主题。

2)操作技能

本实例用到的"图层样式"的设置有内阴影、外发光、斜面和浮雕、描边;用到的"画笔工具"的设置有画笔笔尖形状、形状动态中的渐隐控制方式等。画笔工具的功能非常丰富,在今后的练习中需要不断的总结经验,灵活地运用画笔工具来实现一些特殊效果。

本章小结

本章主要介绍了网页设计中栏目框的设计技法，在制作过程中使用画笔可以为设计增添许多新的表现形式，画笔工具的运用非常灵活，功能较为强大，在操作时可以多次尝试设置不同的功能参数，最终调制出适合主题的艺术效果。

本章练习

重新制作实例 7.1 和实例 7.2，在制作过程中要熟练掌握图层样式和画笔的参数设置技巧，不用完全按照书中介绍的设置参数，可以根据自己的想法做适当的调整。

第8章　网页图文编排设计

　　图文编排设计是网站最富有表现力和创造力的一个模块，设计的面积有大有小，设计的技法多种多样。本章将以两个实例来介绍图文编排设计的基本要点和技法。

实例1　视角配图方案

1. 实例分析

　　本实例的设计是为 JC 学院的宣传设计一个广告，实例采用仰视的高楼和人物为背景，以不同的视角场景来造型，营造出一种立体感和空间感，利用两条平行倾斜的条纹与之呼应，丰富了视觉效果。最终效果如图 8-1 所示。

图 8-1　最终效果

2. 实施步骤

任务 1　新建文件

　　启动 Photoshop CS5，点击【文件】菜单的【新建】命令（快捷键：Ctrl + N），如图 8-2 所示。

任务 2　导入背景高楼图像素材

　　步骤 1　点击【文件】菜单的【打开】项（快捷键：Ctrl + O），打开素材"第 8 章\实例 8.1\实例素材\大楼.png"文件。

　　步骤 2　选中图层中的图形，全选（快捷键：Ctrl + A），复制内容（快捷键：Ctrl + C）。

　　步骤 3　切换到"图文编排实例 1"所在的画布，然后粘贴（快捷键：Ctrl + V），如图 8-3 所示。

图 8-2 新建"图文编排实例 1"文件设置

图 8-3 完成后的效果

任务 3 导入边线素材

步骤 1 按照本实例任务 2 的操作，将边线素材导入到当前画布中。

步骤 2 复制边线图层 2（快捷键：Ctrl + J），选择"移动工具"，将两个边线图层移动至画布的顶部和底部，如图 8-4 所示。

图 8-4 完成后的效果

任务 4　导入并处理人物素材

步骤 1　按照本实例任务 2 的操作，将人物素材导入到当前画布中，如图 8-5 所示。

图 8-5　完成后的效果

步骤 2　选择"魔棒工具"，鼠标点击人物图层中的边缘处，使相同颜色区域变为选区状态，然后点击 Delete 键删除所选区域。重复操作将其处理为如图 8-6 所示效果。

图 8-6　完成后的效果

任务 5　绘制倾斜造型的横幅条

步骤 1　选择"矩形工具"（快捷键：U），在选项栏中设置模式为"形状图层"，并将颜色设置为"R:16　G:145　B:145"。

步骤 2　鼠标点击画布的右边区域绘制出一个矩形条，启动自由变形工具（快捷键：Ctrl + T），在选项栏中设置"旋转"属性值为"170"度，如图 8-7 所示，点击 Enter 键退出自由变形状态。

步骤 3　复制 3 个"形状 1"图层（快捷键：Ctrl + J），选中其中两个形状图层，启动自由变换状态（快捷键：Ctrl + T），在选项栏中设置"旋转"属性为"80"度，并设置颜色为"R:255　G:126　B:0"，点击 Enter 键退出自由变形状态。

步骤 4　选择"移动工具"，将这 4 个矩形及图层移动至如图 8-8 所示的位置。

图 8-7　完成后的效果

图 8-8　完成后的效果

任务 6　安装字体，输入宣传语

步骤 1　打开素材"第 8 章\实例 8.1\实例素材\迷你简菱心.TTF"文件，复制并粘贴到系统字体文件夹（fonts）中，安装字体。

步骤 2　回到 Photoshop CS5 中，点击"横排文字工具"（快捷键：T），并设置选项栏，如图 8-9 所示。

图 8-9　文本参数设置

步骤 3　鼠标点击画布上方的横条幅左侧，输入文字"四川大学锦城　校训：止于至善"，启动自由变换状态（快捷键：Ctrl + T），在选项栏中设置"旋转"属性为"－10"度，并设置颜色为"白色"，按 Ctrl + Enter 退出文字编辑状态，选择"移动工具"，将其移动至如图 8-10 所示位置。

步骤 4　相同的操作再添加 5 个横排文字，内容分别为"校训：止于至善"、"培养　创新性　应用型　人才"、"缔造辉煌诗篇"、"谱写卓越未来"和"川大锦城"，其中"川大锦城"和"培养　创新性　应用型　人才"的字体颜色为"R:255　G:126　B:0"，如图 8-10 所示。

图 8-10　完成后的效果

任务 7　设置宣传语图层样式

步骤 1　双击"图层"面板中的"培养 创新性 应用型 人才"图层，在选项栏中设置字体大小为"40"，点击右键选择"混合选项"，在弹出的"图层样式"对话框中勾选"描边"项的复选框按钮，在右边的设置区域修改大小为"5"，颜色为"白色"，点击确定按钮。

步骤 2　重复步骤 1 的操作，为"川大锦城"图层设置 3 像素大小的白色描边，如图 8-11 所示。

图 8-11　完成后的效果

3．实例总结

1）相关设计理论

本实例的设计思路是选用与主题相关的图像和文本进行编排，设计的技巧是采用不同视角的造型来产生一种感染力，一个仰视的大楼，一个平视的人物，两种不同视角的组合，使画面富有立体感、空间感，让人有身临其境的感觉。

2）操作技能

本实例中的人物图像素材需要用到抠图操作，其中抠图的常用技法有"套索工具"和"魔棒工具"等，在抠图的过程中不要急于求成，需要精细的操作，这样才能使画面达到融洽的效果。在绘制两条倾斜平行矩形时，用到了"矩形工具"和"自由变换工具"，倾斜的角度不宜过大，合适即可。

实例 2　满版背景配图

1. 实例分析

　　满版背景配图是让配图填充整个网页，在设计时不仅要保持网页信息的直观和清晰，而且还要让图像有效的配合，以便让整个画面主题鲜明。下面将设计一个"数字化教学管理平台"的登录界面，效果如图 8-12 所示。

图 8-12　最终效果

2. 实施步骤

任务 1　新建文件

启动 Photoshop CS5，点击【文件】菜单的【新建】命令（快捷键：Ctrl + N），如图 8-13 所示。

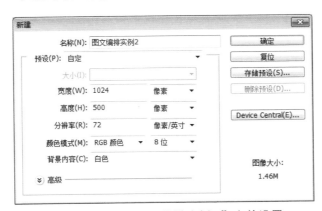

图 8-13　新建"图文编排实例 2"文件设置

任务 2　设置渐变背景色

步骤 1　点击"工具栏"中的"渐变工具"（快捷键：G），设置选项栏，如图 8-14

所示，点击渐变色条，弹出的"渐变编辑器"对话框的设置如图 8-15 所示，然后点击确定按钮。

图 8-14　渐变参数设置

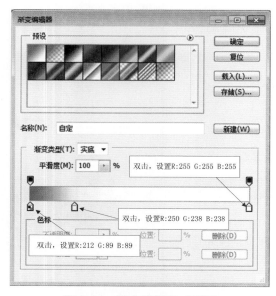

图 8-15　渐变编辑器对话框

步骤 2　选择"图层"面板中的"背景"图层，鼠标移至画布顶点，按下 Shift 键，垂直向下拖动鼠标，效果如图 8-16 所示。

图 8-16　完成后的效果

任务 3　导入"校园风景"素材

步骤 1　点击【文件】菜单的【打开】项（快捷键：Ctrl＋O），打开素材"第 8 章\实例 8.2\实例素材\校园.png"文件。

步骤 2　选中图层中的图形，全选（快捷键：Ctrl＋A），复制内容（快捷键：Ctrl＋C）。

步骤 3　切换到"图文编排实例 2"所在的画布，然后粘贴（快捷键：Ctrl + V），如图 8-17 所示。

图 8-17　完成后的效果

任务 4　美化校园风景图

步骤 1　在"图层"面板中，选择"校园风景"图层，点击下方的"添加矢量蒙版"按钮。

步骤 2　选择"画笔工具"（快捷键：B），在选项栏中点击设置画笔大小的下拉列表，将"大小"值设置为"200px"，"硬度"值设置为"8%"。

步骤 3　将前景色设置为黑色，然后鼠标在校园风景图边缘绘制，使图片边缘较好的过渡，如图所 8-18 示。

图 8-18　完成后的效果

任务 5　导入"花"素材

步骤 1　点击【文件】菜单的【打开】项（快捷键：Ctrl + O），打开素材"第 8 章\实例 8.2\实例素材\花.png"文件。

步骤 2　选中图层中的图形，全选（快捷键：Ctrl + A），复制内容（快捷键：Ctrl + C）。

步骤 3　切换到"图文编排实例 2"所在的画布，然后粘贴（快捷键：Ctrl + V）。

步骤 4　选择"移动工具"，将其移动至如图 8-19 所示位置。

图 8-19　完成后的效果

任务 6　导入"鸽子"和"彩虹"素材

步骤 1　点击【文件】菜单的【打开】项（快捷键：Ctrl + O），打开素材"第 8 章\实例 8.2\实例素材\鸽子.png"文件。

步骤 2　选中图层中的图形，全选（快捷键：Ctrl + A），复制内容（快捷键：Ctrl + C）。

步骤 3　切换到"图文编排实例 2"所在的画布，然后粘贴（快捷键：Ctrl + V）。

步骤 4　重复前面 3 个步骤，将"彩虹素材"导入到画布中，选择"移动工具"，将"鸽子"和"彩虹"图移至如图 8-20 所示位置。

图 8-20　完成后的效果

任务 7　设计登录区域

步骤 1　选择"编排文字工具"（快捷键：T），在画布的左边区域分别输入"用户名:"和"密码:"，在选项栏中设置字体为"黑体"，大小为"12 点"，颜色为"黑色"，如图 8-21所示。

图 8-21　文本参数设置

步骤 2　选择"矩形工具"（快捷键：U），在文字的右方绘制高度相同的矩形，并将"图层"面板右上方的"填充"属性值设置为"0%"。

步骤 3　单击"形状 1"图层右键，选择"混合选项"，在弹出的"图层样式"对话框中勾选"描边"项的复选框，在右边的描边设置区域中，将大小设置为"1"，颜色设置为"R:214　G:98　B:98"，将第二个矩形按照相同的操作进行设置，然后选择"移动工具"，将其移动至对应位置。

步骤 4　选择"矩形工具"（快捷键：U），在选项栏中设置颜色"R:214　G:98　B:98"，在上一个输入框图形的下方绘制矩形，选择"编排文字工具"，在选项栏中设置字体为"黑体"，大小为"12 点"，颜色为"白色"，在矩形的中间区域点击鼠标，输入文字"登录"。按照相同的操作绘制出另外相同大小的矩形以及在该矩形的上方输入文字"取消"。选择"移动工具"，将其移动至如图 8-22 所示的位置。

图 8-22　完成后的效果

任务 8　设计标题区域

步骤 1　选择"矩形选框工具"（快捷键：M），分别绘制出 3 个矩形，每个矩形采用渐变色填充，第一个矩形和第三个矩形的渐变色相同，如图 8-23 所示。

步骤 2　选择第二个矩形的图层，设置渐变色如图 8-24 所示。

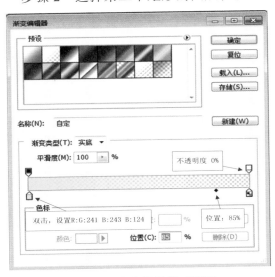

图 8-23　渐变编辑器对话框

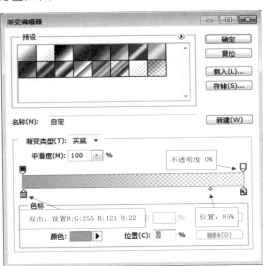

图 8-24　渐变编辑器对话框

步骤 3　选择"横排文字工具"（快捷键：T），并设置选项栏，如图 8-25 所示。

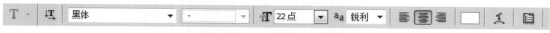

图 8-25　文本参数设置

步骤 4　在标题矩形区域上点击输入文字"数字化教学管理平台"，退出文字编辑状态（快捷键：Ctrl + Enter），选择"移动工具"，将文字移至合适位置。

步骤 5　通过相同操作在上一个文本的下方输入文字"Digital Teaching System"，在选项栏中设置字体为"黑体"，大小为"12 点"，颜色为"白色"。选择"移动工具"将该文字移至合适位置，效果如图 8-26 所示。

图 8-26　完成后的效果

任务 9　设置宣传语

步骤 1　点击"横排文字工具"（快捷键：T）并设置选项栏，其中字体为"黑体"，大小为"30 点"，颜色为"白色"，如图 8-27 所示。

图 8-27　文本参数设置

步骤 2　鼠标移动到左下方区域点击画布后，输入文字"团结·奋进·勇于·创新"，按 Ctrl + Enter 退出文字编辑状态。

步骤 3　点击该图层右键，选择"混合选项"，在弹出的"图层样式"对话框中，勾选"描边"项的复选框按钮，在右边的设置区域修改大小为"3"，颜色为"R:214　G:98　B:98"。点击确定按钮，完成整个实例的设计如图 8-12 所示。

3. 实例总结

1）相关设计理论

采用满版背景配图时需要注意的是，配图内容和造型结构必须与其他内容互相搭配，只有这样才能使画面保持完整的视觉效果。本实例中的彩虹、鸽子及校园图像的互相配合，营造出一种积极向上的氛围；彩虹采用渐隐过渡的变化与右边的校园图像融为一体，加上适当的留白，使画面有一定的想象空间，让整个背景具有观赏性且意境深远。

2）操作技能

在图层蒙版中使用画笔工具让周围的图像与背景过渡融合，是本实例用到的一个新技法，使用"羽化"功能也可以达到相同的效果。绘制红色输入框的技法是采用填充色为背景色，利用描边功能来绘制边框线。

本章小结

本章通过两个实例介绍了网页设计中图文编排设计的技法。图文编排设计的要点是在画面协调的基础上突出主题。在实例 8.2 中，画面的素材较为丰富，有梅花、校园风景图、彩虹、鸽子和标语，需要将这些内容协调地融合在一起。另外，登录框、密码框、按钮和标题，突出主题是一个系统后台登录界面。标题采用橘黄色为背景、文字为白色进行搭配，体现出活跃、积极向上和醒目的特点。

本章练习

重新制作本章的两个实例，要求以相同的主题不同的设计，自主准备素材，在设计过程中需要结合前面章节中所学的相关理论和操作技法。

第9章　网页主题按钮设计

　　按钮是浏览者与网站实现交互的一种网页控件,网站中经常会有多种不同功能的按钮,比如"登录"、"注册"、"点击下载"、"购物车"、"结账"、"充值"、"留言"等。通过这些主题按钮,可以吸引浏览者的注意力,方便引导浏览者进入关注的目标网页,这样的主题按钮需要精美的设计。本章将介绍水晶效果和特殊材质两种不同款式的主题按钮设计。

实例1　水晶效果的方案

1. 实例分析

　　水晶效果在本书 6.2 节水晶导航菜单的设计中已经提到。水晶效果在网页中的应用非常广泛,是目前较为流行的一种表现方式。在网页中设计精美的水晶按钮,可以吸引受众的眼球,使其在众多的网页内容中脱颖而出。本实例主要介绍按钮的水晶效果的应用,如图 9-1 所示。

图 9-1　最终效果

2. 实施步骤

任务1　新建文件

　　启动 Photoshop CS5,点击【文件】菜单的【新建】命令(快捷键:Ctrl + N),如图 9-2 所示。

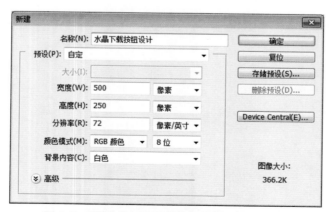

图 9-2　新建"水晶下载按钮设计"文件设置

任务2　设置渐变背景色

　　步骤1　点击"工具栏"中的"渐变工具"(快捷键:G),设置选项栏,如图 9-3 所示;

点击渐变色条，弹出"渐变编辑器"对话框，相关参数设置如图 9-4 所示；然后点击确定按钮。

图 9-3　渐变参数设置

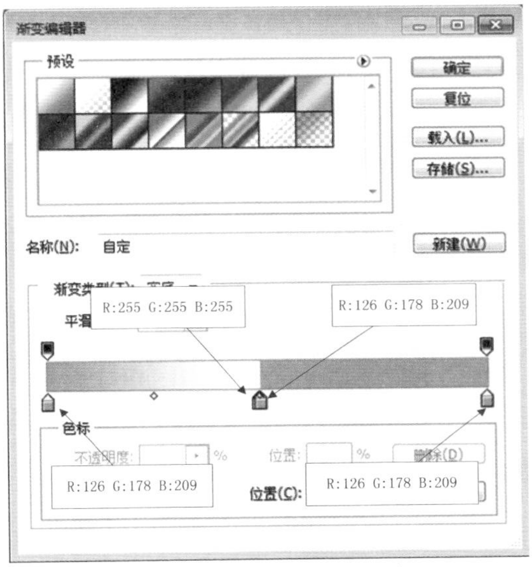

图 9-4　渐变编辑器对话框

步骤 2　选择"图层"面板中的"背景"图层，鼠标移动至画布顶点，按下 Shift 键，垂直向下拖动鼠标。

任务 3　绘制"下载按钮"

步骤 1　选择"矩形工具"中的"圆角矩形工具"，在上方的选项栏中设置 "填充像素"模式，半径为"10px"，如图 9-5 所示。

图 9-5　圆角矩形参数设置

步骤 2　在画布的中间区域按住鼠标左键不放，绘制出名为"形状 1"的圆角矩形，如图 9-6 所示。

任务 4　添加按钮文字和图标

步骤 1　打开素材"第 9 章\实例 9.1\实例素材\迷你简菱心.TTF"文件，复制并粘贴到系统字体文件夹（fonts）中，安装字体。

图 9-6　完成后的效果

步骤 2　回到 Photoshop CS5 中，点击"横排文字工具"（快捷键：T），并设置选项栏，如图 9-7 所示。

图 9-7   文本参数设置

步骤 3   鼠标点击画布左方，输入文字"立即下载"，按 Ctrl + Enter 退出文字编辑状态。选择"移动工具"，将其位置移动至画布中间区域。

步骤 4   选择"矩形工具"（快捷键：U）的中的"自定义形状工具" ![icon]，在选项栏中设置模式为"形状图层"，在"形状"所对应的下拉列表中选择"向下"小图标，颜色为"白色"如图 9-8 所示。

图 9-8   自定义形状参数设置

步骤 5   鼠标移动至主题文字的左方，按 Shift 键拖放鼠标绘制出白色的"向下"图形；选择"移动工具"，将该图形移动至合适的位置，如图 9-9 所示。

任务 5   设置按钮图层样式

右击"形状 1"图层，选择"混合选项"，在弹出的"图层样式"对话框中，分别勾选"投影"、"外发光"、"内发光"、"斜面和浮雕"和"渐变叠加"复选框，设置图层样式各项的值，

图 9-9   完成后的效果

如图 9-10、9-11、9-12、9-13、9-14 所示，然后点击确定按钮，画面完成后的效果如图 9-15 所示。

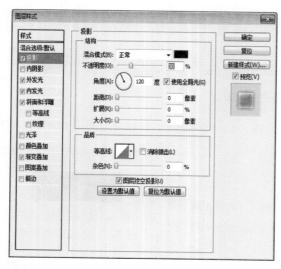

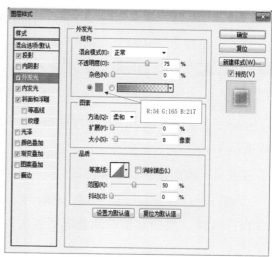

图 9-10   投影参数设置   图 9-11   外发光参数设置

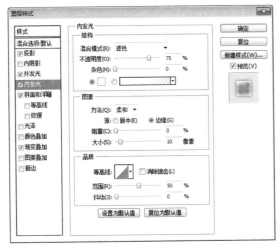

图 9-12　内发光参数设置

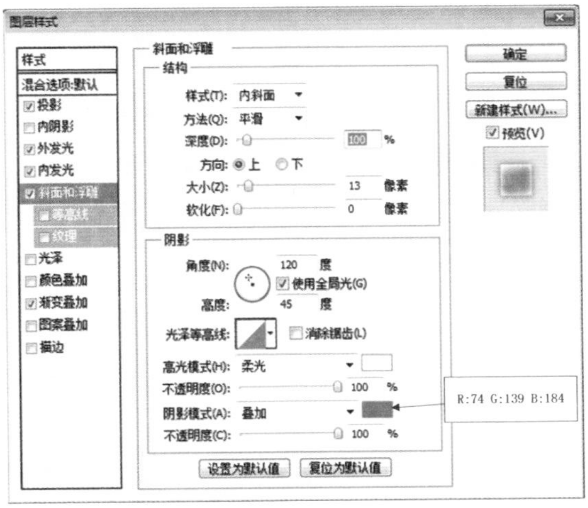

图 9-13　斜面和浮雕参数设置

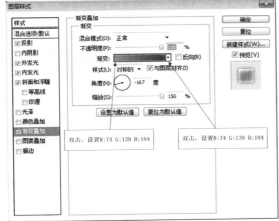

图 9-14　渐变叠加参数设置

图 9-15　完成后的效果

任务 6　设置按钮倒影

步骤 1　在"图层"面板中按住 Shift 键，同时选中"形状 1"、"形状 2"和"立即下载"图层，将其拖到下方的"创建新图层"按钮之上，释放鼠标，将复制出的一组新图层合并成一个图层（快捷键：Ctrl + E），得到一个新图层。

步骤 2　启动自由变换状态（快捷键：Ctrl + T），在自由变换状态区域中单击右键，选择"垂直翻转"菜单命令，单击回车键退出自由变换状态。

步骤 3　选择"移动工具"，将其移至如图 9-16 所示的位置。

图 9-16　完成后的效果

任务 7　为倒影添加蒙版

步骤 1　选中"倒影"图层，然后点击下方的"添加矢量蒙版"按钮，选择"渐变工具"（快捷键：G），在选项栏中设置如图 9-17 所示的参数。

图 9-17　渐变参数设置

步骤 2　按住 Shift 键，从倒影的底部往上端拖动直到倒影顶部，然后释放鼠标，为倒影图层添加一个渐变蒙版，如图 9-1 所示。

3. 实例总结

1）相关设计理论

在简单的按钮表面装饰华丽水晶般效果的外套，使普通的按钮脱颖而出，焕发活力。设计过程中的要点是掌握光影效果的运用技巧，以及对水晶效果特点的准确把握。在操作上需要认真和精细，在效果上需要掌控理性数据与感官欣赏之间的调和关系。

2）操作技能

本实例对图层样式的投影、外发光、内发光、斜面与浮雕、渐变叠加和描边进行叠加运用，使画面焕然一新。在设置按钮倒影方面，用到了图层的垂直翻转、不透明度和蒙版的技法。

实例 2　特殊材质的方案

1. 实例分析

本实例是设计"火热报名"的按钮，引入了火元素的特殊材质到实例中，使主题为"火热报名"的按钮更加形象和火热，效果如图 9-18 所示。

图 9-18　最终效果

2. 实施步骤

任务 1　新建文件

启动 Photoshop CS5，点击【文件】菜单的【新建】命令（快捷键：Ctrl + N），如图 9-19 所示。

图 9-19　新建"火热报名按钮设计"文件设置

任务 2　设置背景色

步骤 1　点击"工具栏"中的"渐变工具"（快捷键：G），设置选项栏，如图 9-20 所示；点击渐变色条，弹出"渐变编辑器"对话框，详细参数设置如图 9-21 所示；然后点击确定按钮。

图 9-20　渐变参数设置

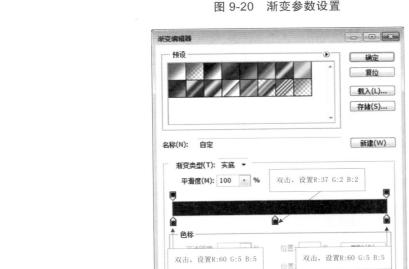

图 9-21　渐变编辑器对话框

步骤 2　选择"图层"面板中的"背景"图层，鼠标移动至画布顶点，按下 Shift 键，垂直向下拖动鼠标。

任务 3　绘制"火热报名"圆形按钮

步骤 1　选择"矩形工具"中的"椭圆工具"，在上方的选项栏中设置　"形状图层"模式，颜色为"白色"，如图 9-22 所示。

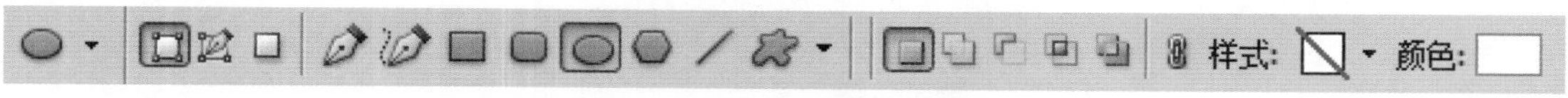

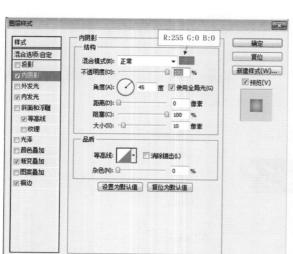

图 9-22　椭圆参数设置

步骤 2　在画布的中间区域按住 Shift 键，拖动鼠标至右方后释放鼠标，绘制出名为"形状 1"的正圆，如图 9-23 所示。

任务 4　设置圆形按钮图层样式

右击"形状 1"图层，选择"混合选项"，在弹出的"图层样式"对话框中，分别勾选"内阴影"、"内发光"、"斜面和浮雕"、"渐变叠加"和"描边"复选框，设置图层样式各项的值，如图 9-24 ~ 图 9-28 所示。点击确定按钮后画面效果如图 9-29 所示。

图 9-23　"形状"的正圆

图 9-24　内阴影参数设置 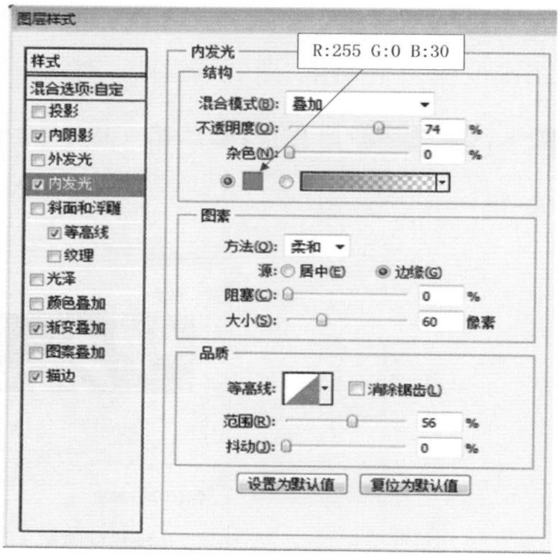　　　　　　图 9-25　内发光参数设置

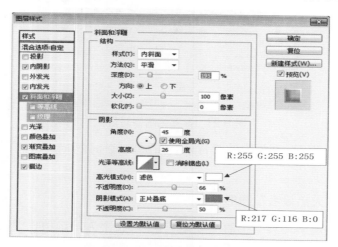

图 9-26　斜面与浮雕参数设置

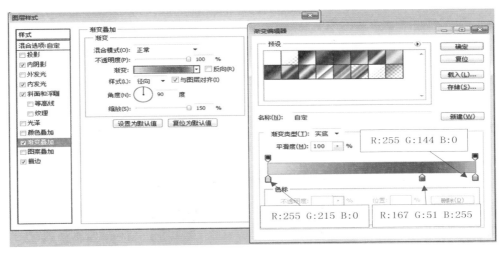

图 9-27　渐变叠加参数设置

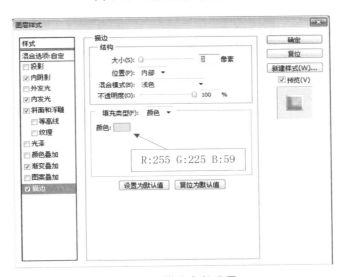

图 9-28　描边参数设置

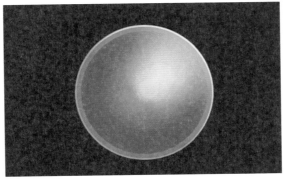

图 9-29　完成后的效果

任务 5 导入"火焰"素材

步骤 1　点击【文件】菜单的【打开】项（快捷键：Ctrl + O），打开素材"第 9 章\实例 9.2\实例素材\火焰.jpg"文件。

步骤 2　选中图层中的图形，全选（快捷键：Ctrl + A），复制内容（快捷键：Ctrl + C）。

步骤 3　切换到"火热报名按钮设计"所在的画布，然后粘贴（快捷键：Ctrl + V）。

步骤 4　设置火焰图层的混合模式为"滤色"。

步骤 5　选择"椭圆选框工具"，在画布中绘制出一个大小一致的圆形选区，点击【选择】菜单的【反向】命令，然后点击 Delete 键删除选区以外的区域，如图 9-30 所示。

图 9-30　完成后的效果

任务 6 添加和变形"火热报名"文字

步骤 1　打开素材"第 9 章\实例 9.2\实例素材\迷你简菱心.TTF"文件，复制并粘贴到系统字体文件夹（fonts）中，安装字体。

步骤 2　回到 Photoshop CS5 中，点击"横排文字工具"（快捷键：T）并设置选项栏，如图 9-31 所示。

图 9-31　文本参数设置

步骤 3　鼠标点击按钮中部，输入文字"火热报名"，按 Ctrl + Enter 退出文字编辑状态，选择"移动工具"，将其移动至如图 9-32 所示位置。

图 9-32　完成后的效果

步骤 4　双击"图层"面板中"火热报名"图层的缩略图，在上方的选项栏中点击"创建文字变形"按钮，在弹出的【变形文字】对话框的"样式"下拉列表项中选择"膨胀"，设置"弯曲"项的值为"＋50"，如图 9-33 所示。完成后的效果如图 9-34 所示。

图 9-33　变形文字对话框

图 9-34　完成后的效果

任务 7　设置"火热报名"图层样式

步骤 1　选择"图层"面板中的"火热报名"文字图层，设置混合模式为"叠加"。

步骤 2　点击右键选择"混合选项"，在弹出的"图层样式"对话框中，勾选"斜面和浮雕"项的复选框按钮，详细的设置参数如图 9-35 所示，点击确定按钮。

实例的最终效果如图 9-18 所示。

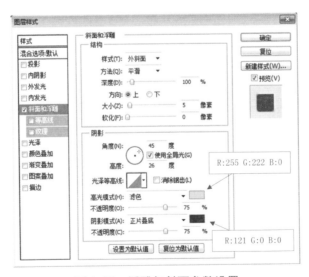

图 9-35　浮雕与斜面参数设置

3．实例总结

1）相关设计理论

将特殊材质火焰的素材混合到按钮中，设计造型和色彩搭配与主题相匹配，这是本实例设计的关键。本实例设计的主题是一个火热报名的按钮，该按钮需要吸引受众关注和参与，主色调选择红色，用特殊材质的火焰图像来渲染，最终营造出一个具有吸引力、冲击力和感染力的主题按钮。

2）操作技能

本实例用到的图层样式设置有内阴影、内发光、斜面与浮雕、渐变叠加和描边以及混合模式中的滤色模式，对这些进行叠加运用；对文字效果的处理，用到了文字变形中的"膨胀"功能。

在 Photoshop CS5 中图混合模式主要有正常、溶解、变暗、正片叠底、颜色加深、滤色、线性加深、叠加、柔光、亮光、强光、线性光、点光、实色混合、差值、排除、色相、饱和度、颜色和亮度等。

本章小结

本章主要通过两个实例介绍网页设计中主题按钮的设计技巧和方法，两个实例都采用了图层样式的多样式叠加的高光效果对主题按钮进行渲染。在操作过程中，主要使用 Photoshop CS5 工具对图层样式"投影"、"外发光"、"内发光"、"斜面和浮雕"、"渐变叠加"和"描边"等进行设置，通过适当调整不同的参数，使主题按钮的效果更加精致并在画面中脱颖而出。

本章练习

采用不同的色彩搭配重新制作实例 9.1 和实例 9.2，在制作过程中需要主要图层混合选项中的投影、内阴影、内发光、斜面与浮雕、渐变叠加和描边等效果的组合运用，合理的利用混合模式中的不同模式的颜色变化，调制出适合主题的色彩。

第 10 章 《LM》网站首页设计与制作

实例 1 【LM】网站首页规划

本实例以"LM"网站首页为例,效果图如图 10-1 所示;设计过程中所用到的图层组如图 10-2 所示。

图 10-1 "LM 网站首页"效果

图 10-2 图层组面板

本实例从色彩、版式和内容 3 个方面进行规划具体如下：

（1）色彩规划：根据需求，本网站希望体现出一种活跃、积极、向上和绚丽多彩的理念。网站建议采用橙色为基准色调，并以蓝绿色渐变作为辅助色彩。首页设计上强调视觉感染力凸现，让人看第一眼后就留下深刻的印象。同时，以柔和的色调和亲切的图片减少用户的眼睛疲劳。

（2）版式规划：网站首页采用的是中轴型和骨骼型版式的混合。中轴型的特点是将版面设计为固定宽度且居中，本实例固定宽度为 995px。骨骼型主要体现在将不同的网页内容按照模块进行上下、上中下、左右、左中右等进行划分，每个模块之间都留出等距的间隔。

（3）内容规划：根据需求将首页内容分为 head、banner、menu、滚动文字、新闻快递、轮播新闻图、教学科研、精品课、横幅广告、实习就业、视频、学术讲坛、专题、综合服务、底部导航菜单、友情链接和版权声明等模块。

实例 2 【LM】网站首页设计

1. 实例分析

前面各章节中介绍的是网页各个部分的单独设计，本节将通过一个实例把前面所学的操作技法串联起来，并形成一个主题鲜明的网页。

本实例的学习重点是把握网页各个部分的大小和位置以及在设计过程中的精细程度。

2. 实施步骤

任务 1　调整网页整体框架大小

启动 Photoshop CS5，点击【文件】菜单的【新建】命令（快捷键：Ctrl + N），如图 10-3 所示。

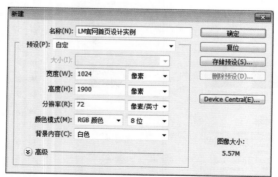

图 10-3　新建"LM 官网首页设计实例"文件设置

任务 2　设计"Head"模块

"Head"模块宽度为 996px、高度为 185px，该模块垂直方向位于画布的中央位置，两边留白的宽度为 14px，为了使得留白的距离统一，该模块距画布顶端留出 14px 的距离，效果如图 10-4 所示。

图 10-4 "Head"模块效果图

步骤 1 在"图层"面板中点击"创建新组"按钮，并取名为"head"，在该组中新建图层。

步骤 2 打开素材"第 10 章\实例 10\实例素材 head\head.jpg 和 logo.jpg"文件，将这两个图片素材分别复制到"head 组"的两个空白图层中，然后选择"移动工具"（快捷键：V），将其位置移至如图 10-4 所示。

步骤 3 点击"横排文字工具"（快捷键：T）并设置选项栏，如图 10-5 所示。

图 10-5 文本参数设置

步骤 4 鼠标点击画布左边区域，输入文字"夸父网|文学与传媒系文字 literature and media"，按 Ctrl + Enter 退出文字编辑状态。选择"移动工具"（快捷键：V），将其移动至如图 10-4 所示的位置。

步骤 5 重复步骤 4，在画布的中部和右边分别输入文字"缔造辉煌诗篇，谱写卓越未来 博学与文，奋斗于传"和"四川大学锦城学院"，选择"移动工具"（快捷键：V），将其移动至如图 10-4 所示的位置。

任务 3 设计 Banner 模块

"Banner"模块宽度为 996px、高度为 100px，该模块的顶部与上个模块的底部紧靠，并且左右两边各留出 14px 的距离，与上个模块保持一致，效果如图 10-6 所示。

图 10-6 "Banner"模块效果图

步骤 1 在"图层"面板中点击"创建新组"按钮，并取名为"Banner"，在该组中新建图层。

步骤 2 先选中"Banner 组"中的新图层，接着鼠标选择"矩形选框工具"（快捷键：M），在该图层中绘制出宽为 996px、高为 100px 的矩形选区，然后选择"渐变工具"（快捷键：G），在选项栏中设置渐变颜色，如图 10-7 所示。

图 10-7   渐变参数设置

步骤 3   鼠标移动至矩形选区的顶点，按下 Shift 键，垂直向下拖动鼠标，颜色垂直渐变，然后取消选择（快捷键：Ctrl + D）。

步骤 4   打开素材"第 10 章\实例 10\实例素材 banner\left.psd 和 right.psd"文件，将这两个文件的素材复制到"banner 组"中，然后选择"移动工具"（快捷键：V），将其移至如图 10-6 所示位置。

任务 4   设计"导航菜单"模块

"导航菜单"模块宽度为 996px、高度为 63px，该模块的顶部与上个模块的底部紧靠，并且左右留白同上模块，效果如图 10-8 所示。

图 10-8   "导航菜单"模块效果图

步骤 1   在"图层"面板中点击"创建新组"按钮，并取名为"menu"，在该组中新建两个图层。

步骤 2   选中"menu 组"中的一个图层，接着鼠标选择"矩形选框工具"（快捷键：M），在该图层中绘制宽 996px、高 33px 的矩形选区，然后选择"渐变工具"（快捷键：G）如图 10-9 所示，在选项栏中点击渐变色条，在弹出的"渐变编辑器"对话框中设置参数如图 10-10 所示。

图 10-9   矩形工具参数设置

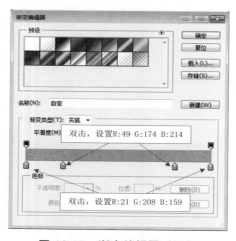

图 10-10   渐变编辑器对话框

步骤 3   鼠标移动至矩形选区的顶部，按下 Shift 键，鼠标移动至画布左边缘一直拖动至右边缘后释放鼠标，如图 10-11 所示。

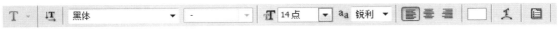

图 10-11　完成后的效果

步骤 4　点击"横排文字工具"（快捷键：T）并设置选项栏，如图 10-12 所示。

| T · | 1T | 黑体 | ▼ | - | ▼ | ⁉T 14点 | ▼ | ᵃa 锐利 ▼ | 墨 量 量 | □ | 工 | 目 |

图 10-12　文本参数设置

步骤 5　鼠标点击画布左边区域，输入文字"首页|系科介绍|教学科研|师资队伍|精品课|学术讲坛|校内实训平台|学生活动|实习就业|研究所|校友录|团总支|数字化平台"，按 Ctrl + Enter 退出文字编辑状态，选择"移动工具"（快捷键：V），将其移动至如图 10-8 所示的位置。

步骤 6　重复步骤 2～5，绘制出宽为 996px、高为 30px 的矩形选区，将其颜色选区颜色填充为"R:220　G:251　B:251"；然后在"系科介绍"菜单下方的位置输入文字"我系简介　专业介绍　组织机构　系主任　行政人员"。选择"移动工具"（快捷键：V），将其移动至如图 10-8 所示的位置。

任务 5　设计"文字滚动"模块

"文字滚动"模块宽度为 996px、高度为 28px，该模块的顶部与上个模块的底部紧靠，并且左右留白同上模块，效果如图 10-13 所示。

图 10-13　"文字滚动"模块效果图

步骤 1　在"图层"面板中点击"创建新组"按钮，并取名为"滚动文字"，在该组中新建一个图层。

步骤 2　选中"滚动文字组"中的图层，接着鼠标选择"矩形选框工具"（快捷键：M），在该图层中绘制出宽为 996px、高为 28px 的矩形选区，将前景色设置为"R:255　G:102 B:0"，为矩形选区填充前景色（快捷键：Alt + Delete），然后取消选区（快捷键：Ctrl + D）。

步骤 3　点击"横排文字工具"（快捷键：T）并设置选项栏，如图 10-14 所示。

| T · | 1T | 黑体 | ▼ | - | ▼ | ⁉T 14点 | ▼ | ᵃa 锐利 ▼ | 墨 量 量 | □ | 工 | 目 |

图 10-14　文本参数设置

步骤 4　鼠标点击画布左边区域，输入文字"热烈祝贺文传系江威、张静波两位同学在四川省首届'微电影、微图片、微小说'创作大赛中获金奖"，按 Ctrl + Enter 退出文字编辑状态。选择"移动工具"（快捷键：V），将其移动至如图 10-13 所示的位置。

任务 6　设计"新闻快递"模块

"新闻快递"模块宽度为 650px、高度为 274px，该模块的左边缘与画图的左边缘相距

14px，顶部与上个模块的底部相距 10px，效果如图 10-15 所示。

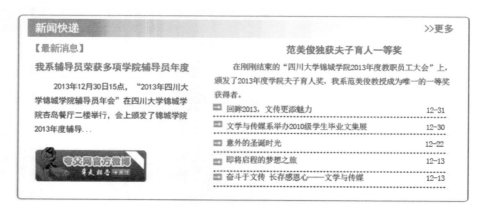

图 10-15　"新闻快递"模块效果图

　　步骤 1　在"图层"面板中点击"创建新组"按钮，并取名为"新闻快递"，在该组中新建图层。

　　步骤 2　选中"新闻快递组"中的新图层，并取名为"新闻快递边框"，接着鼠标选择"矩形工具"（快捷键：U），在上方的选项栏中设置模式为"填充像素"、半径为"10px"，如图 10-16 所示。

图 10-16　矩形参数设置

　　步骤 3　将鼠标移动至绘制"新闻快递"区域，绘制出宽为 996px 高为 28px 的圆角矩形。右键点击"新闻快递边框"图层，选择"混合选项"菜单项，在弹出的"图层样式"图 10-17 对话框中，勾选"投影"、"颜色叠加"和"描边"前的复选框，分别设置参数如图 10-17 ~ 图 10-19 所示。

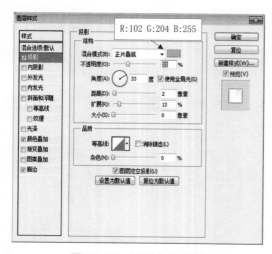

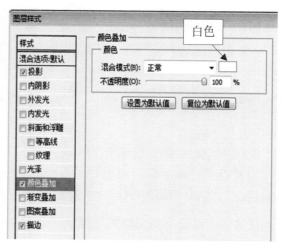

图 10-17　投影参数设置　　　　　　　图 10-18　颜色叠加参数设置

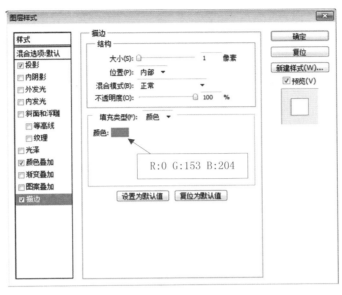

图 10-19　描边参数设置

步骤 4　在"新闻快递组"中新建图层，在"新闻快递边框"区域距顶部和左边区域各 5px 和 10px 的位置，选择"矩形选框工具"，绘制出宽度为 558px、高度为 27 的矩形选区，点击"渐变工具"（快捷键：G），在如图 10-20 所示的选项栏中点击渐变色条，弹出渐变编辑器对话框，其中参数设置如图 10-21 所示。

图 10-20　渐变参数设置

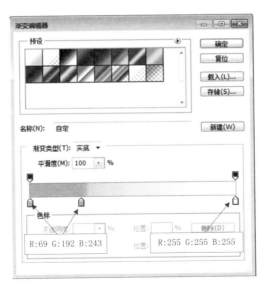

图 10-21　渐变编辑器对话框

步骤 5　点击"横排文字工具"（快捷键：T），并设置选项栏字体为"黑体"，大小为

"16 点",文字颜色为"白色",如图 10-22 所示。

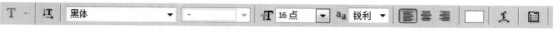

图 10-22 文本参数设置

步骤 6 鼠标左键点击渐变矩形图形的左方,输入文字"新闻快递",按 Ctrl + Enter 退出文字编辑状态,选择"移动工具"(快捷键:V),将其移动至如图 10-15 所示的位置。

步骤 7 重复步骤 5 ~ 6,对应输入字体为"黑体"、字体大小为"14 点"、颜色"R:255 G:122 B:34"的文本">>更多"和"【最新新闻】"。该模块的标题文本的样式为字体"黑体",字体大小"14 点"、颜色"R:0 G:153 B:204";其他的内容文本的样式为字体"黑体",字体大小"12 点",颜色"R:102 G:102 B:102"。选择"移动工具"(快捷键:V),将其移动至如图 10-15 所示的位置,调整文本之间的对齐和间距。

步骤 8 打开素材"第 10 章\实例 10\实例素材新闻快递\weibo.jpg"文件,将该文件的素材复制到"新闻快递组"中,然后选择"移动工具"(快捷键:V),将其位置移至该模块的左下方区域。

步骤 9 选择"矩形工具"中的"直线工具",在上方的选项栏中设置模式为"路径",大小为"1px"。接着鼠标选择"画笔工具"(快捷键:B),启动"画笔面板"(快捷键:F5),在弹出的"画笔预设"面板中设置如图 10-23 所示。

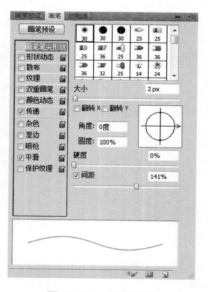

图 10-23 画笔预设

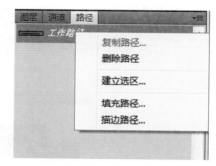

图 10-24 路径面板

图 10-25 描边路径对话框

步骤 10 将鼠标移动至"新闻快递"新闻列表项的下方,按下鼠标左键,同时按住 Shift 键水平向右拖动至右方,然后释放鼠标和 Shift 键。点击"图层"面板中的"路径"面板,鼠标右键点击"工作路径"项的"描边路径"命令,如图 10-24 所示,在弹出的"描边路径"对话框中"工具"属性栏的下拉列表中选择"画笔"项,如图 10-25 所示。重复该步骤,为每条新闻列表项的下方绘制出一条虚线,效果如图 10-15 所示。

任务 7 设计"轮播新闻图"模块

"轮播新闻图"模块宽度为 326px、高度为 274px，该模块的右边缘与画图的左边缘相距 14px，顶部与上个模块的底部相距 10px，左边缘与"新闻快递"模块的右边缘相距 20px，效果如图 10-26 所示。

图 10-26 "轮播新闻图"模块

步骤 1 在"图层"面板中点击"创建新组"按钮，并取名为"滚动广告"，在该组中新建一个图层。

步骤 2 选中"滚动文字组"中的新图层，并取名为"轮播新闻"。打开素材"第 10 章\实例 10\实例素材滚动广告\轮播新闻图.jpg"文件，将该文件的图像复制并粘贴到"轮播新闻"图层中，然后选择"移动工具"（快捷键：V），将其移动至所描述的位置。

步骤 3 右键点击"轮播新闻"图层，选择"混合选项"菜单项，在弹出的"图层样式"对话框中，勾选"描边"前的复选框，详细参数设置如图 10-27 所示。

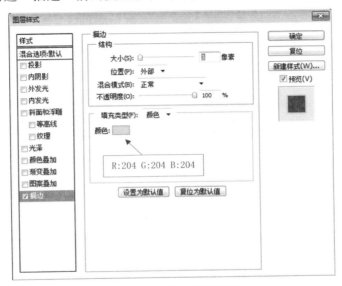

图 10-27 描边参数设置

任务 8 设计"教学科研"模块

"教学科研"模块宽度为 650px、高度为 245px，该模块的左边缘与画图的左边缘相距 14px，顶部与上个模块的底部相距 10px，效果如图 10-28 所示。

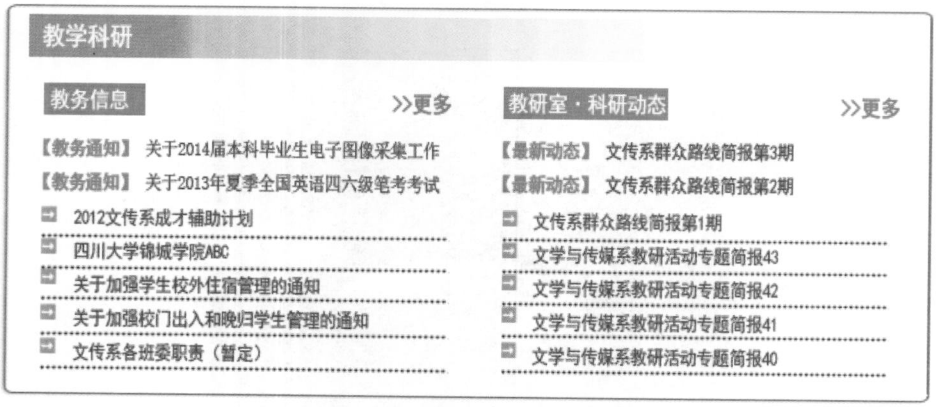

图 10-28 "教学科研"模块效果

步骤 1 在"图层"面板中点击"创建新组"按钮，并取名为"教学科研"，在该组中新建图层。

步骤 2 参考本节中任务 6"新闻快递"模块的设计步骤，完成该模块的设计。在操作方面要求达到统一性原则。

任务 9 设计"精品课"模块

"精品课"模块宽度为 326px、高度为 320px，该模块的右边缘与画图的左边缘相距 14px，顶部与上个模块的底部相距 10px，左边缘与"新闻快递"模块的右边缘相距 20px，效果如图 10-29 所示。

步骤 1 在"图层"面板中点击"创建新组"按钮，并取名为"精品课"，在该组中新建一个图层。

步骤 2 选中"精品课组"中的新图层，并取名为"精品课建设"。打开素材"第 10 章\实例 10\实例素材\精品课\精品课建设.psd"文件，将该文件的图像复制并粘贴到"精品课建设"图层中，然后选择"移动工具"（快捷键：V），将其移动至所描述的位置。

步骤 3 右键点击"精品课建设"图层，选择"混合选项"菜单项，在弹出的"图层样式"对话框中，

图 10-29 "精品课"模块效果图

勾选"描边"前的复选框，详细参数设置如图 10-30 所示。

任务 10 设计"横幅广告"模块

"横幅广告"模块宽度为 650px、高度为 108px，该模块的左边缘与画图的左边缘相距 14px，顶部与上个模块的底部相距 10px，效果如图 10-31 所示。

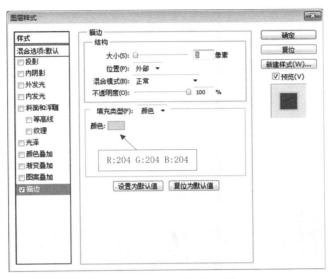

图 10-30 描边参数设置

图 10-31 "横幅广告"模块效果图

步骤 1 在"图层"面板中点击"创建新组"按钮,并取名为"横幅广告",在该组中新建一个图层。

步骤 2 选中"横幅广告组"中的新图层,打开素材"第 10 章\实例 10\实例素材横幅广告\ad.jpg"文件,将该文件的图像复制并粘贴到图层中,然后选择"移动工具"(快捷键:V),将其移动至所描述的位置。

任务 11 设计"实习就业"模块

"实习就业"模块宽度为 650px、高度为 196px,该模块的左边缘与画图的左边缘相距 14px,顶部与上个模块的底部相距 10px,效果如图 10-32 所示。

图 10-32 "实习就业"模块效果图

步骤 1　在"图层"面板中点击"创建新组"按钮，并取名为"实习就业"，在该组中新建图层。

步骤 2　参考本节中任务 6"新闻快递"模块的设计步骤，完成该模块的设计。在操作方面要求达到统一性原则。

任务 12　设计"视频"模块

"视频"模块宽度为 650px、高度为 190px，该模块的左边缘与画图的左边缘相距 14px，顶部与上个模块的底部相距 10px，效果如图 10-33 所示。

图 10-33　"视频"模块效果图

步骤 1　在"图层"面板中点击"创建新组"按钮，并取名为"视频"，在该组中新建图层。

步骤 2　参考本节中任务 6"新闻快递"模块的边框和标题的图层样式设计。

步骤 3　鼠标选择"矩形工具"（快捷键：U），在"视频组"中绘制左右两个颜色为"R:51　G:204　B:255"、宽度为 21px、高度为 40px 的矩形，并在矩形的上方分别输入白色的字符"<"和">"，然后选择"移动工具"（快捷键：V），将其移动至矩形的中央位置。

步骤 4　打开素材"第 10 章\实例 10\实例素材视频\ video.jpg"文件，将该文件的图像复制并粘贴到图层中，然后选择"移动工具"（快捷键：V），将其移动至如图 10-33 所示的位置。

任务 13　设计"学术讲坛"模块

"学术讲坛"模块宽度为 650px、高度为 240px，该模块的左边缘与画图的左边缘相距 14px，顶部与上个模块的底部相距 10px，效果如图 10-34 所示。

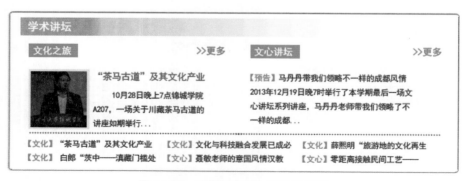

图 10-34　"学术讲坛"模块效果图

步骤 1　在"图层"面板中点击"创建新组"按钮，并取名为"实习就业"，在该组中新建图层。

步骤 2　参考本节中任务 6"新闻快递"模块的设计步骤，完成该模块的设计。在操作方面要求达到统一性原则。

任务 14　设计"专题"模块

"专题"模块宽度为 326px、高度为 290px，该模块的右边缘与画图的左边缘相距 14px，顶部与上个模块的底部相距 10px，左边缘与"实习就业"模块的右边缘相距 20px，效果如图 10-35 所示。

步骤 1　在"图层"面板中点击"创建新组"按钮，取名为"专题"，在该组中新建一个图层。

步骤 2　选中"专题组"中的新图层，并取名为"全能记者团"，打开素材"第 10 章\实例 10\实例素材专题\全能记者团.psd"文件，将该文件复制并粘贴到"全能记者团"图层中，然后选择"移动工具"（快捷键：V），将其移动至所描述的位置。

图 10-35　"专题"模块效果图

步骤 3　重复本任务的步骤 2，创建"招生专题"、"考研专题"、"实训基地"、"校友会"和"锦城美景"5 个图层，并将相同目录下的"考研专题.psd"、"招生专题.psd"、"考研专题.psd"、"实训基地.psd"、"校友会.psd"和"锦城美景.psd"分别复制并粘贴到对应图层中，然后选择"移动工具"（快捷键：V），将每个图层之间相隔 4px 的距离，如图 10-35 所示。

任务 15　设计"综合服务"模块

"综合服务"模块宽度为 326px、高度为 290px，该模块的右边缘与画图的左边缘相距 14px，顶部与上个模块的底部相距 10px，左边缘与"学术讲坛"模块的右边缘相距 20px，效果如图 10-36 所示。

步骤 1　在"图层"面板中点击"创建新组"按钮，并取名为"综合服务"，在该组中新建图层。

图 10-36　"综合服务"模块效果图

步骤 2　参考本节中任务 7"轮播新闻图"模块的设计步骤，完成该模块的设计，在操作方面要求达到统一性原则。

任务 16　设计"底部导航菜单"模块

"底部导航菜单"模块宽度为 996px、高度为 33px，该模块的左右边缘与画图的左右边分别相距 14px，顶部与上个模块的底部相距 10px，效果如图 10-37 所示。

联系站长 ┃ 关于我们 ┃ 合作/承办实训平台 ┃ 讲座专题 ┃ 2013招生专题 ┃ 实训平台专题 ┃ 获奖专题 ┃ 考研出国专题 ┃ 成才辅助专题 ┃ 技术性文科人才培养

图 10-37　"底部导航菜单"模块效果图

步骤 1　在"图层"面板中点击"创建新组"按钮，并取名为"底部导航菜单"，在该组中新建图层。

步骤 2　按照本节中任务 4"导航菜单"模块的设计步骤，完成该模块的设计，在操作方面要求达到统一性原则。

任务 17　设计"友情链接"模块

"友情链接"模块宽度为 610px、高度为 33px，该模块的左右边缘与画图的左右边缘以水平居中的方式对齐，顶部与上个模块的底部相距 10px，效果如图 10-38 所示。

图 10-38　"友情链接"模块效果图

步骤 1　在"图层"面板中点击"创建新组"按钮，并取名为"友情链接"，在该组中新建图层。

步骤 2　打开素材"第 10 章\实例 10\实例素材友情链接\草檀斋毛泽东字体.TTF"文件，复制并粘贴到系统字体文件夹（fonts）中，安装字体。

步骤 3　回到 Photoshop CS5 中，鼠标选择"矩形工具"（快捷键：U），在上方的选项栏中设置模式为"形状图层"、颜色为"R:255　G:102　B:0"，如图 10-39 所示。

图 10-39　矩形参数设置

步骤 4　鼠标移动至画布右下方，按住鼠标左键向右方拖动绘制出宽度为 100px、高度为 33px 的矩形，释放鼠标左键，然后选择"移动工具"（快捷键：V），将其移动至如图 10-38 所示位置。

步骤 5　点击"横排文字工具"（快捷键：T）并设置选项栏，其中字体为"草檀斋毛泽东字体"，大小为"12 点"，颜色为"白色"，如图 10-40 所示。

图 10-40　文本参数设置

步骤 6　在绘制的矩形框的中央位置点击左键，输入文本"四川大学锦城学院"，然后取消文字编辑状态（快捷键：Ctrl + Enter）。

步骤 7　重复本任务的步骤 3 ~ 5，将另外 5 个友情链接以相同的操作绘制出来，效果如图 10-38 所示。

任务 18　设计"版权声明"模块

"版权声明"模块宽度为 610px、高度为 55px，该模块的左右边缘与画图的左右边缘以水平居中的方式对齐，顶部与上个模块的底部相距 10px，效果如图 10-41 所示。

关于我们 | 联系我们 | Powered By Sunny Spring

Copyright © wenchuan.gov AllRights Reserved. 蜀ICP备09284302号

版权所有：四川大学锦城学院文学与传媒系 联系电话：028-87580289 地址：成都市高新西区西源大道1号 邮编：610000

图 10-41 "版权声明"模块效果图

步骤 1 在"图层"面板中点击"创建新组"按钮，并取名为"版权声明"。

步骤 2 鼠标选择"版权声明"图层组，点击"横排文字工具"（快捷键：T），并设置选项栏中的字体为"黑体"，大小为"12 点"，对齐方式为"居中"，字体颜色为"黑色"，如图 10-42 所示。

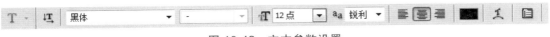

图 10-42 文本参数设置

步骤 3 鼠标点击画布底部，输入文字版权声明文本内容，并点击两次回车键将其分为三段内容，按 Ctrl + Enter 退出文字编辑状态，选择"移动工具"，将其文字移动至如图 10-41 所示的位置。

实例 3 【LM】网站首页制作

1. 实例分析

【LM】网站是一个以活力、丰富多彩和健康为主题的信息发布网站，配色方案以橙色为主色调，绿色和蓝色为辅助色。本实例网站首页的制作，首先利用 Photoshop 的"切片"工具在效果图中切割所有的图像素材，再利用 Photoshop 的"存储为 Web 和设备使用格式"功能自动生成网页文件和所有的素材图像，最后在 Dreamweaver 中通过调整"表格"元素来调整整体网页结构。

2. 实例步骤

1）切片操作

任务 1 打开效果图文件

打开素材"第 10 章\实例 10\实例素材\LM 首页效果图.psd"文件，如图 10-1 所示。

任务 2 切出各个大模块

步骤 1 选择"裁剪工具"中的"切片工具"（快捷键：C）。

步骤 2 鼠标的起点移动至"head"模块的左上方，按住鼠标左键向右移动该模块的右下方，选择的区域恰好是"head"模块的整个内容部分。注意在切片时要求很精细，有时必须配合放大画布（快捷键：Alt + 鼠标滚动）功能细心操作。

步骤 3 重复本实例中的步骤 2，将其他大模块按相同方法进行切割，切片的效果如图 10-43 所示。

图 10-43　切片效果图

任务 3　细切 "head" 模块

上一个实例是将首页分为 17 个模块，下面我们将对主要的几个模块进行细切，每切一刀，左上角的切片编号会自动发生变化，"head" 模块的切片如图 10-44 所示。

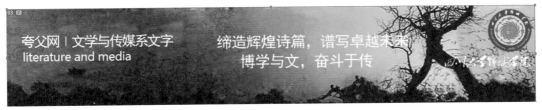

图 10-44　细切 "head" 模块

任务 4　细切 "banner" 模块

"banner" 模块的内容主要包括左边的图片标志、背景渐变色、按钮和文字。在切片的时候，左边的标志和文字可以切成一块，背景色纵向切一个像素，3 个按钮单独切，广告语切成一块。"banner" 模块的切片效果如图 10-45 所示。

图 10-45　细切 "banner" 模块

任务 5　细切 "menu" 模块

"menu" 模块的内容主要包括背景色和 13 个菜单项，每个菜单项需要单独切片，原因是每个菜单在网页中的超链接不同。"menu" 模块的切片效果如图 10-46 所示。

图 10-46　细切 "menu" 模块

任务 6　细切 "滚动文字" 模块

"滚动文字" 模块在网页中的效果是橙色的背景，文字从右向左滚动，所以在切割该模块时，可以整体切割，具体的功能在网页中来完成。"滚动文字" 模块切片效果如图 10-47 所示。

图 10-47　细切 "滚动文字" 模块

任务 7　细切 "新闻快递" 模块

"新闻快递" 模块的内容主要包括栏目标题、新闻列表、官方微博图像等，在切割该模块时，需要对不同的内容类型逐个切，新闻列表项也需要单独切出，切片效果如图 10-48 所示。

图 10-48　细切"新闻快递"模块

任务 8　细切"轮播新闻图"模块

"图片轮播图"模块的内容主要有图片和边框样式等,在切割该模块时,整体一起切割,切片效果如图 10-49 所示。

图 10-49　细切"图片轮播图"模块

任务 9　细切"教学科研"模块

"教学科研"模块的内容主要包括栏目标题、"教务信息"、"教研室动态"和相关新闻列表等。在切割该模块时,需要对不同的内容类型逐个切,切割方法与本实例中的任务 7 类似,切片效果如图 10-50 所示。

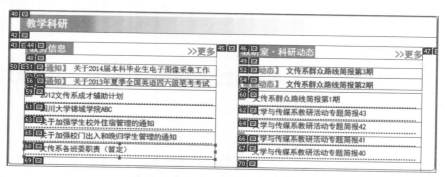

图 10-50　细切"教学科研"模块

任务 10　细切"专题"模块

"专题"模块的内容主要包括"全能记者团视野"、"招生专题"、"考研专题"、"实训基地"、"校友录"和"锦城美景"6 个部分。在切割该模块时，需要逐个切出，切片效果如图 10-51 所示。

图 10-51　细切"专题"模块

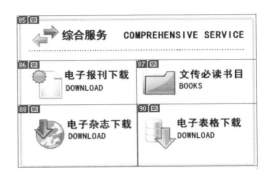

图 10-52　细切"综合服务"模块

任务 11　细切"综合服务"模块

"综合服务"模块的内容主要包括栏目标题、"电子报刊下载"、"文传必读书目"、"电子杂志下载"和"电子表格下载"。在切割该模块时，需要逐个切出，切片效果如图 10-52 所示。

任务 12　细切"友情链接"模块

"友情链接"模块的内容主要有 6 个链接——"四川大学锦城学院"、"锦城学报"、"锦城深瞳报"、"锦城工商"、"四川大学"和"四川省教育厅"，在切割时需要逐个切出，切片效果如图 10-53 所示。

图 10-53　细切"友情链接"模块

2. 导出切片文件

步骤 1　在打开的 Photoshop CS5 文件中，点击【文件】菜单中的【存储为 Web 和设备使用格式】命令。

步骤 2　在弹出的【存储为 Web 和设备使用格式】对话框中点击"存储"按钮。

步骤 3　在弹出的【将优化结果存储为】对话框中，选择"保存在"属性的值为"桌面"，选择"格式"属性的下拉列表值为"HTML 和图像"，修改"文件名"属性值为"index.html"，如图 10-54 所示。

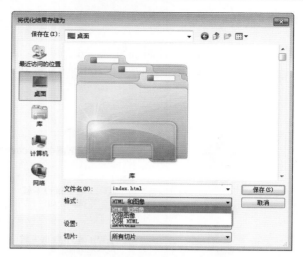

图 10-54　导出切片生成的网页

步骤 4　点击"保存"按钮完成设置，把整个"LM 网站首页"的切片素材存放到系统的"桌面"目录中。切换到系统的"桌面"目录中，可以看到通过刚才的设置系统自动生成的两个文件——"index.html"和"images"文件夹，如图 10-55 所示。

图 10-55　导出后的文件

3. 在 Dreamweaver 中调整网页结构

任务 1　Dreamweaver 打开生成的网页文件

启动 Dreamweaver CS5 软件，点击【文件】菜单的【打开】命令，在弹出的【打开】对话框中选择路径为桌面目录中的"index.html"文件，如图 10-56 所示。

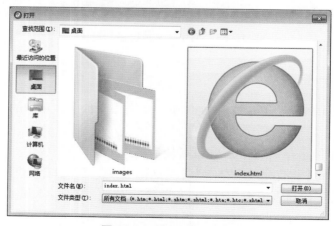

图 10-56　打开网页文件

任务 2　调整网页的整体结构为居中对齐

步骤 1　在 Dreamweaver CS5 软件中，将"文档"栏目中的视图切换为"设计视图"。

步骤 2　选中网页中的"表格"元素，在下方的"属性"面板中设置"对齐"属性为"居中对齐"。

步骤 3　点击"文档"栏目中的"在浏览器中预览/调试"按钮 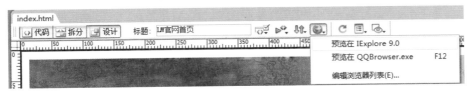，在出现的下拉列表中选择"预览在 IE 浏览器"，如图 10-57 所示。

图 10-57　在浏览器中预览

步骤 4　在打开的 IE 浏览器中，查看最终预览效果如图 10-58 所示。

图 10-58　预览效果

任务 3　为整个网页添加灰色的背景

步骤 1　切换回 Dreamweaver CS5 环境中，鼠标单击状态为"设计视图"的主题区域中的任意空白处。

步骤 2　在【属性】面板中点击"页面属性"按钮，如图 10-59 所示。在弹出的【页面属性】对话框中，在默认的面板中设置"背景颜色"属性值为"#CCCCCC"（灰色），如图 10-60 所示。

图 10-59　属性面板

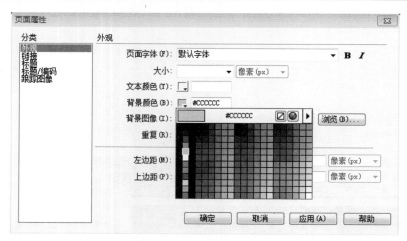

图 10-60　页面属性对话框

步骤 3　点击【文件】菜单中的【保存】命令，然后再点击"文档"栏目中的"在浏览器中预览/调试"按钮 <img>，在出现的下拉列表中选择"预览在 IE 浏览器"，预览的效果如图 10-61 所示。

图 10-61　预览效果

本章小结

本章以"LM 网站首页设计与制作"为例，根据网站建设的流程（主要包括网站策划、网页设计和网页制作等环节），将前面几章所学的理论知识和操作技法结合起来。在设计过程中以主题为中心，以色彩搭配原理、版式规划和内容规划为理论基础，利用 Photoshop CS5 工具将网页的各个模块绘制出来，然后进行切片和导出任务。在用工具进行切片时，建议按照网页的结构和图片的特点进行切片，切片的大小和位置可以通过切片选项来进行调整，每个切片都是一个独立的矩形区块，导出时这些矩形区块会单独生成各种的图片文件存储，没有切的区域系统自动根据位置生成图像文件。

切片完成后，再利用网页制作工具如 Dreamweaver、FrontPage 等完成后续的相关 HTML、CSS 和 JS 文件的编写工作。

本章练习

利用 Photoshop CS5 工具制作如图 10-62 所示的 index.html 网页效果。

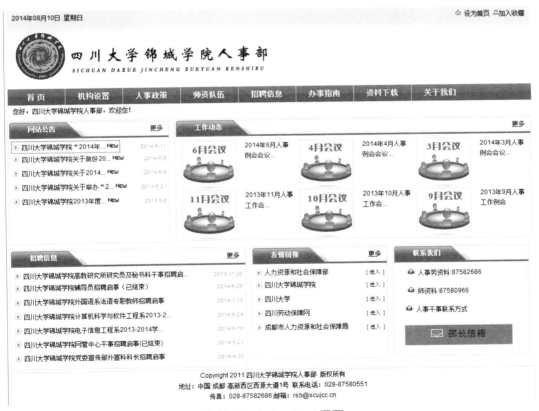

图 10-62　index.html 网页

参考文献

[1] 倪洋，网页设计[M]. 上海：上海人民美术出版社，2013.

[2] 郑耀涛，网页美工实例教程[M]. 北京：高等教育出版社，2010.

[3] 赵旭霞. 网页设计与制作[M]. 北京：清华大学出版社，2013.

[4] 潘群，吕金龙，尹青，汪超顺，等. 网页艺术设计[M]. 北京：清华大学出版社，2011.